教育部高等学校地矿学科教学指导委员会
采矿工程专业规划教材

岩土边坡稳定性分析

主　　编　饶运章

编写人员　朱洪威　潘建平　肖广哲

中南大学出版社
www.csupress.com.cn

·长沙·

图书在版编目（CIP）数据

岩土边坡稳定性分析／饶运章主编. —长沙：中南
大学出版社，2012.01(2023.10 重印)
ISBN 978 - 7 - 5487 - 0444 - 7

Ⅰ. ①岩… Ⅱ. ①饶… Ⅲ. ①岩石－边坡稳定性－
稳定分析－高等学校－教材 Ⅳ. ①TU457

中国版本图书馆 CIP 数据核字(2012)第 253025 号

岩土边坡稳定性分析
YANTU BIANPO WENDINGXING FENXI

主编 饶运章

□责任编辑	刘　辉		
□责任印制	唐　曦		
□出版发行	中南大学出版社		
	社址：长沙市麓山南路	邮编：410083	
	发行科电话：0731 - 88876770	传真：0731 - 88710482	
□印　　装	长沙市宏发印刷有限公司		

□开　　本	787 mm×1092 mm 1/16	□印张 10.5	□字数 257 千字
□版　　次	2012 年 1 月第 1 版	□印次 2023 年 10 月第 4 次印刷	
□书　　号	ISBN 978 - 7 - 5487 - 0444 - 7		
□定　　价	38.00 元		

内 容 简 介 ●●●●●●

　　本书系统地介绍了岩土边坡稳定性分析的概念、稳定性计算、加固技术、滑坡监测等内容。全书分为11章，主要包括边坡的概念与分类，滑塌模式与识别，边坡稳定性设计流程，水文地质与工程地质调查，边坡岩土抗剪强度计算与测试方法，岩基、岩坡、土坡等平面滑动稳定性分析，楔体滑动稳定性分析，圆弧滑动稳定性分析，路堑边坡稳定性分析，废石场稳定性分析，尾矿坝稳定性分析，边坡加固技术，滑坡监测与预报等。本书还以布里渊光时域反射计（BOTDR）为例，对最先进的无损健康光纤监测技术也做了介绍。

　　本书可作为采矿工程、土木工程、安全工程、工程地质等专业本科生教材，也可供相应专业的研究生使用以及相关专业的科研、设计和施工技术人员借鉴参考。

序 ······

　　站在 21 世纪全球发展战略的高度来审视世界矿业，可以清楚地看到，矿业作为国民经济的基础产业，与其他传统产业一样，在现代科学技术突飞猛进的推动下，也正逐步走向现代化。就金属矿床开采领域而言，现今的采矿工程科学技术与 20 世纪 90 年代以前的相比，已经不可同日而语。为了适应矿业快速发展的形势，国家需要大批具有现代采矿知识的专业人才，因此，作为优秀专业人才培养的重要基础建设之一——教材建设就显得至关重要。

　　在 2006—2010 年地矿学科教学指导委员会（以下简称地矿学科教指委）的成立大会上，委员们一致认为，抓教材建设是本届教学指导委员会的重要任务之一，特别是金属矿采矿工程专业的教材，现在多是 20 世纪 90 年代出版的，教材更新已迫在眉睫。2006 年 10 月 18－20 日在中南大学召开了第一次地矿学科教指委全体会议，会上委员们就开始酝酿采矿工程专业系列教材的编写拟题；之后，中南大学出版社主动承担该系列教材的出版工作，并积极协助地矿学科教指委于 2007 年 6 月 22－24 日在中南大学召开了"全国采矿工程专业学科发展与教材建设研讨会"，来自全国 17 所院校的金属、非金属矿床采矿工程专业和部分煤矿开采专业的领导及骨干教师代表参加了会议，会议拟定了采矿工程专业系列教材的选题和主编单位；从那以后，地矿学科教指委和中南大学出版社又分别在昆明和长沙召开了两次采矿工程专业系列教材编写大纲的审定工作会议。

　　本次新规划出版的采矿工程专业系列教材侧重于金属矿

床开采领域。编审委员会通过充分的沟通和研讨，在总结以注教学和教材编撰经验的基础上，以推动新世纪采矿工程专业教学改革和教材建设为宗旨，提出了采矿工程专业系列教材的编写原则和要求：①教材的体系、知识层次和结构要合理，要遵循教学规律，既要有利于组织教学又要有利于学生学习；②教材内容要体现科学性、系统性、新颖性和实用性，并做到有机结合；③要重视基础，又要强调采矿工程专业的实践性和针对性；④要体现时代特性和创新精神，反映采矿工程学科的新技术、新方法、新规范、新标准等。

采矿科学技术在不断发展，采矿工程专业的教材需要不断完善和更新。希望全国参与采矿工程专业教材编写的专家们共同努力，写出更多、更好的采矿工程专业新教材。我们相信，本系列教材的出版对我国采矿工程专业高级人才的培养和采矿工程专业教育事业的发展将起到十分积极的推进作用，对我国矿山安全、经济、高效开采，保障我国矿业持续、健康、快速发展也有着十分重要的意义。

中南大学教授

中国工程院院士

教育部地矿学科教指委主任

前　言

　　随着国民经济的稳定发展,尤其是矿业和交通运输业的快速发展,露天矿边坡、废石场和尾矿坝,以及公路铁路的路堑边坡和填方路堤等岩土边坡工程的数量急剧增加,边坡失稳、滑塌等灾害事故也不断增加,边坡稳定性问题日益受到重视和关注,并与国家财产安全和人类生命安全紧密相连。

　　《岩土边坡稳定性分析》是全国工程教育专业论证标准之专业补充标准规定的采矿工程专业的主干课程。知识点主要包括边坡破坏的形式、各类边坡的特点、边坡稳定性研究;边坡稳定性影响因素、结构面调查与分析方法;边坡稳定性计算方法、防治滑坡的措施以及边坡监测、地面监测和地下监测方法。

　　本书是编者为十几届采矿工程专业本科生讲授《边坡稳定性分析》和硕士生讲授《岩土边坡工程》的讲义以及边坡工程的科研成果整理而成,但作为教材,对知识点的介绍则力求系统、完整,以便读者全面掌握边坡工程及其稳定性分析与加固的知识体系、基本概念和理论方法;对内容的组织则力求简明、实用,以便读者在从事边坡工程及其稳定性分析与加固时能够理论联系实际、学以致用、创造性地解决工程难题。针对近年来频繁出现的尾矿库溃坝、废石场滑塌、路堑滑坡等重大边坡灾害事故,特别安排了相应章节,以飨读者。

　　本书由江西理工大学饶运章教授编著,其中第 7 章由朱洪威编写,第 8 章由肖广哲编写,第 9 章由潘建平编写,其余各章由饶运章编写,全书由饶运章统稿。本书参考了许多同行专家的教材、专著、论文和部分科研成果,还引用了一些网络资料和照片,在此特向原作者(或所有权人或版权人)致以衷心感谢,对引用文献而漏标的作者表示真诚歉意。教育部高等学校地矿学科教学指导委员会和本系列规划教材编委会的多位教授对本书内容提出了宝贵意见,中南大学出版社和江西理工大学为本书出版提供了大力支持和资助,还有我指导的历届十几位研究生参与了本书编录、绘图、校对等工作,在此一并表示感谢。

由于编者水平有限,书中缺点和错误在所难免,敬请读者批评指正。

饶运章

目　录

第1章 绪 论

1.1 边坡及其分类

1.1.1 边坡概念

倾斜的地坡面称为坡或斜坡,因斜坡往往构成了工程边界,故又称为边坡(如露天矿最终边坡、路堑边坡等),如图1-1、图1-2及照片1-1~1-6所示。

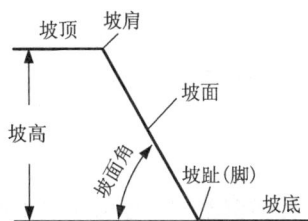

图1-1 边坡示意图

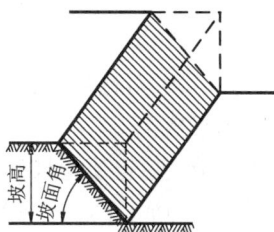

图1-2 边坡几何形状图

照片1-1 黄果树瀑布(台阶)

照片1-2 西北高原自然山坡

照片1-3 某露天矿开采边坡

照片1-4 边坡(土坡)加固现场

照片1-5　排土场边坡

照片1-6　三峡新滩滑坡

边坡的构成要素主要有坡顶、坡底、坡面；坡肩、坡脚(趾)；坡高、坡面角。

1.1.2　边坡分类

按成因不同分为：自然边坡和人工边坡。自然边坡由地壳隆起或下陷形成，人工边坡由人工开挖或堆填形成。

按物料不同分为：土质边坡和岩质边坡。

岩、土的物料构成(矿物成分)并无本质差别，但结构有本质差别，甚至完全不同。

岩石结构主要是地质界面，如物质分界面(矿岩界面、岩层界面)、不连续面(层理、节理、断层)、不整合面、软夹层等；土的结构主要是孔隙。因此，岩石的较大位移主要是不连续面，岩石含水主要是裂隙水；土的较大位移主要是孔隙和变形，土的含水主要是孔隙水。

1.1.3　滑坡因素

不管岩坡或土坡，滑坡的根源都是破坏了坡体的力学平衡，使坡体处于不稳定状态，包括：

①应力过大：破坏了坡体力学平衡；

②强度过低：导致滑面抗剪强度不足；

③地质缺陷：岩坡主要是地质界面，土坡主要是孔隙；

④地下水：弱化地质界面抗剪力强度和土粒黏结力，产生静/动水压力；

⑤爆破震动：动力效应的影响；

⑥人为破坏：切断了坡脚，降低了抗滑力；

⑦不利产状：裂隙等地质缺陷的不利产状导致了滑坡；

⑧地下开采：地下开采对疏水稳坡有利，但对岩移失稳不利。

1.2　边坡滑塌模式及识别

1.2.1　边坡滑塌模式

识别潜滑体及其滑动特征的工作，称为滑塌模式识别。

如图1-3所示，常见的边坡滑塌模式主要有：平面滑坡(图a)、楔体滑坡(图b)、圆弧滑坡(图c)、倾倒破坏。

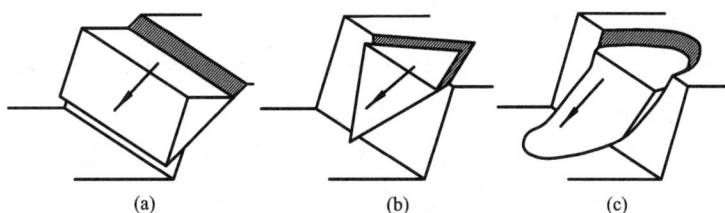

(a)   (b)   (c)

图1-3 边坡滑塌模式示意图

(1)平面滑坡

平面滑坡的滑面通常由沉积面或软夹层等地质间断面构成。

当滑体的滑动方向与滑面的倾向一致时，称为顺层滑坡。

(2)楔体滑坡

楔体滑坡的滑面由两个相交切的地质间断面构成，它们与坡面及坡顶组合将岩体切割成四面楔体。

楔体的滑动方向与两滑面交线的倾向一致。

(3)圆弧滑坡

土坡(包括土坡、破碎岩体、尾砂坝、废石场)中无控制性地质间断面，滑面的形成完全取决于土的力学性质。

均质土坡和强烈破碎的岩坡的滑面在剖面上接近为圆弧形。

(4)倾倒破坏

倾倒破坏的岩体具有薄层状或柱状或块状结构，且其倾角陡、岩体倾向与边坡倾向相反。

常见的倾倒破坏有块体倾倒和弯曲倾倒。

(5)不太常见的滑塌模式

岩块折断、蠕动、薄板翘曲以及两种常见滑塌模式复合等。

1.2.2 边坡滑塌识别方法

识别边坡滑塌的方法很多，主要有：

①弹塑性力学计算方法；

②刚体极限平衡分析法；

③极射赤平投影识别法；

④石根华关键块体识别法。

1. 弹塑性力学计算方法

弹塑性力学计算方法主要以微元为单位，通过计算微元的应力、应变来判断微元是否达到屈服、拉伸、断裂、弯曲等破坏，以此判断是否导致材料的局部或全域性破坏。

相关内容请参阅弹塑性力学和材料力学，在此不一一赘述。

2. 刚体极限平衡分析法

刚体极限平衡分析方法是较为成熟、应用最多的边坡稳定性分析方法，也是本书最主要的内容。

（1）极限平衡分析

岩土体是非均质、非线性、不连续的各向异性体，滑塌和破坏问题的分析已超出弹性力学讨论的范围，理应采用塑性或弹塑性力学加以研究。

弹塑性力学分析法要求按某种破坏准则，用"严格"推理的方法寻找出滑移面，但因边坡问题涉及：大范围岩体、多种岩性岩石、地质间断面、地下水、隐藏于岩面之下难于查清全部细节等因素，致使力学建模非常困难，故放弃了"通过描述各个岩元变形发展的整个历程的方法"来研究边坡稳定问题，而采用"极限平衡分析法"。

极限状态是指抗剪阻力增加"一点"则平衡，减少"一点"则滑动。

极限平衡分析法的特点是：滑移面是事先假定的、任意的，滑移面包含的屈服区中破坏判据并非处处被满足，而是整体满足。

岩体中的真实滑移面取决于地质间断面的空间分布和抗剪强度。

滑塌是否发生，取决于滑体有多大的滑动力（致滑力）和滑床能提供多大的阻抗力（抗滑力）。

（2）安全系数

定义一：安全系数

$$F_s = \frac{抗滑力（矩）}{致滑力（矩）} = \frac{T}{R} = \frac{M_T}{M_R} \tag{1-1}$$

$F_s < 1$ 时，说明抗滑力 < 致滑力，肯定成为实际滑塌体。

$F_s = 1$ 时，说明抗滑力 = 致滑力，称为临界或极限状态。

$F_s > 1$ 时，说明抗滑力 > 致滑力，可能不会成为实际滑塌体。

定义二：使 c、φ 值降低的系数。

（3）安全系数 F_s 取值

$F_s > 1$，不同行业有不同要求，尚无统一规定。霍克认为矿山工程一般取 $F_s = 1.3$，关键边坡 $F_s = 1.5$；计算时如果考虑了地震力则 $F_s \geq 1.1$，如果未考虑地震力则 $F_s = 1.15 \sim 1.3$。

$F_s < 1$，可减少挖方量——接受滑坡（有滑坡预兆时进行疏水或局部加固，甚至让其滑塌，有时效益更好）。

$F_s > 1$ 的理由：岩体强度的不确定（试验误差，取样的局限性）；应保有安全富裕度；地质力学模型与真实条件的差异；局部软弱不稳固地段引起总强度的降低；长期暴露引起渐进性弱化。

3. 极射赤平投影识别法

边坡滑塌之所以有不同的破坏（滑塌）模式，主要是由于地质间断面（滑塌面）与开挖面（自由面/释放面）之间有不同的几何组合关系引起的，这种几何组合关系可用极射赤平投影（Stereographic projection）简称赤平投影法表示。常用的赤平投影有吴尔福网（简称吴氏网，也称等角距投影网）和施密特网（简称施氏网，也称等面积投影网）。

吴氏网与施密特网基本特点相同，两者的主要区别在于：球面上大小相等的小圆在吴氏网上的投影仍然是圆，投影圆的直径角距相等，但由于在赤平面上所处位置不同，投影圆的大小不等,其直径随着投影圆圆心与基圆圆心的距离增大而增大。而在施氏网上的投影则呈四级曲线,不成圆,但四级曲线所构成的图形面积是相等的,且等于球面小圆面积的一半。使用吴氏网求解面、线间的角距关系时,旋转操作显示其优越性,不仅作图方便,而且较为精确。而使用施氏网时,可以作出面、线的极点图或等密度图,能够真实反映球面上极点分布的疏密,有助于对面、线群进行统计分析,但存在作图较麻烦等缺点。下面以吴氏网为例介绍投影网。

(1)吴氏网的结构及投影原理

图 1-4 所示,吴氏网由基圆和南北经向大圆弧(又称经向线,如 NGS)、东西纬向小圆弧(又称纬向线,如 ACB)等经纬线组成。

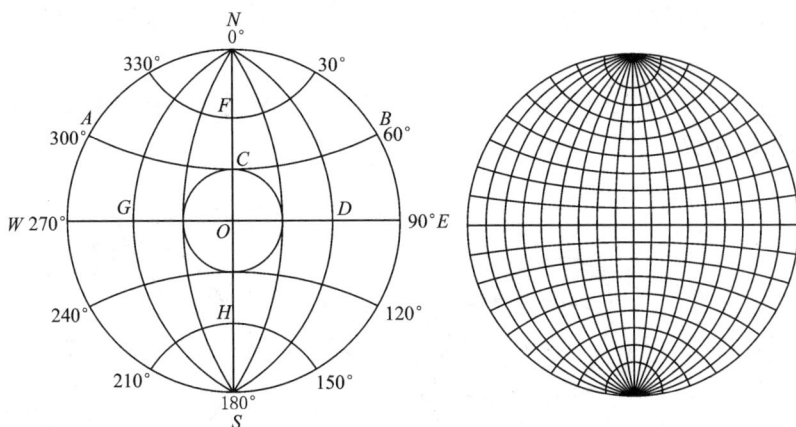

图 1-4 赤平投影网(吴氏网)

① 基圆。由指向正北(N)→正东(E)→正南(S)→正西(W)→正北顺时针为 0°→90°→180°→270°→360°,用于表示结构面的走向、倾向、倾伏向等方位角;标准吴氏网的基圆直径为 20 cm。

② 经向线。由一系列通过球心、走向南北、分别向西或向东倾斜、倾角由 0°到 90°(角距间隔为 2°)的许多赤平投影大圆弧所组成。这些大圆弧与东西直径线 EW 的交点到端点(E 点和 W 点)的距离分别代表各平面的倾角(自圆心→基圆为 90°→0°)。如图 1-4 中 NS 直径线表示南北走向的直立平面的投影,倾角 90°;GW 表示的大圆弧 NGS 所代表的平面为向西倾斜、倾角 30°。

③ 纬向线。由一系列走向东西、不通过球心的直立平面的赤平投影小圆弧所组成。这些小圆弧离基圆的圆心 O 愈远,其所代表的球面小圆的半径角距就愈小;反之,离圆心 O 愈近,则球面小圆的半径角距就愈大。相邻纬向小圆弧间的角距也是 2°,它分割南北直径线的距离与经向大圆弧分割东西直径线的距离是相等的。如图 1-4 所示,$ED = SH = WG = NF$,角距都为 30°。

(2)吴氏网的 AutoCAD 绘图

绘制吴氏网的实质就是在赤平大圆上画出经向大圆弧和纬向小圆弧。下面介绍它们在 AutoCAD 软件中的绘制原理和绘制过程。

① 绘制大圆弧的原理与步骤。

要绘制大圆弧,应至少知道大圆弧上的三个点 N、B'、S(如图 1 - 5 所示),其中 N、S 两点是每条大圆弧都必须经过的轴点(极点),是已知点。现在只要能确定经向大圆弧与东西径线 EW 的交点 B',问题就迎刃而解。

第一步,计算 OB' 长度,根据倾斜平面的倾角、基圆的直径,可按式(1 - 2)计算点 O 与点 B' 之间的距离:

$$OB' = R \times \tan\left(45° - \frac{\alpha}{2}\right) \tag{1 - 2}$$

式中:R——基圆的半径,cm;

　　α——大圆弧所代表平面的倾角,度。

第二步,以基圆的圆心 O 为圆心、OB' 长为半径画一个圆,该圆与基圆的东西径向线 EW 交于 B' 点。

第三步,过 N、B'、S 三个点画一个圆(圆心为 O'),并剪掉基圆外部分(虚线所示),大圆弧 $NB'S$ 即绘制完成。

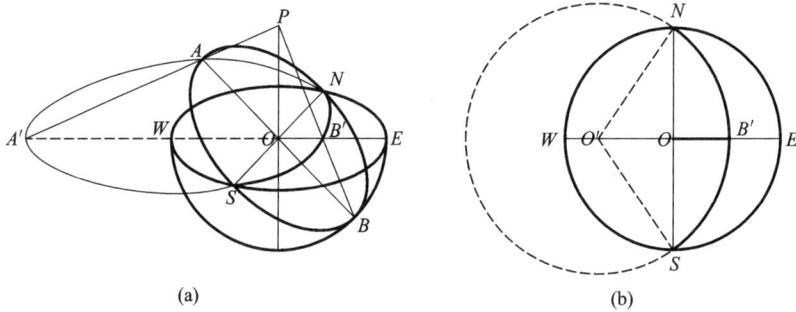

图 1 - 5　倾斜平面的极射赤平投影
(a)透视图;(b)赤平投影图

② 绘制小圆弧的原理与步骤。

要绘制半径角距为 $\alpha°$ 的小圆弧,同样也应至少知道小圆弧上的三个点(如图 1 - 4 所示的 A,C,B 3 个点)。根据吴氏网的结构与原理,可以通过 CAD 作图确定 A,C,B 3 个点的位置。

第一步,确定点 C,首先用式(1 - 2)计算点 O 与点 C 之间的距离,但式中 α 为小圆弧的半径角距;然后以基圆的圆心 O 为圆心、OC 长为半径画圆,该圆与基圆的南北径向线 NS 交于 C 点。

第二步,以基圆的圆心 O 为基点,将南北径线 ON 分别逆时针和顺时针旋转角度 α 得两条直线,分别与基圆交于 A,B 两点。

第三步,过 A,C,B 三个点画一个圆,并剪掉基圆外部分,小圆弧就绘制完成。

(3)赤平投影法识别边坡滑塌模式的步骤

如图 1 - 6 ~ 图 1 - 9 所示:

① 作适当半径(一般 10 cm)赤平圆,并标明 N(北)、E(东)、S(南)、W(西);

② 将地质间断面(断层、节理)的极点等值线图绘于赤平圆中,绘出对应于间断面平均产状的大圆(D);

③ 用大圆弧(F)绘出坡面的产状,连 F 弧与赤平圆两交点的直径线可视为坡肩线(即坡面的走向);

④ 据 D(间断面产状)与 F(坡面产状)的倾向(与走向夹角90°)、倾角,判断边坡是否滑塌。

(4)潜滑体稳定性分析

① 平面滑坡:间断面走向与坡面走向一致,倾向又相同,间断面倾角小于坡面倾角(D 比 F 离圆心更远),则可能构成平面滑坡。地质间断面大圆 D 在坡面大圆 F 同向以外,见图 1 - 6。

② 楔体滑塌:两组间断面的交线与坡面倾向一致,倾角 < 坡面倾角,则可能构成楔体滑塌。两组间断面大圆 D_1/D_2 的交线 D 在坡面大圆 F 同向以外,见图 1 - 7。

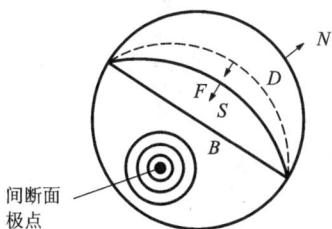

图 1 - 6 平面滑坡

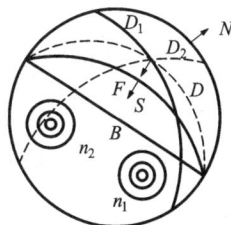

图 1 - 7 楔体滑塌

③ 倾倒破坏:间断面走向与坡面走向一致,但倾向相反,倾角很陡又非直立(不在圆心上),可能发生倾倒破坏。间断面大圆 D 在坡面大圆 F 反向且更靠近圆心,见图 1 - 8。

④ 圆弧滑坡:岩体中有许多不连续面,且产状离散以致不能集中,说明岩体破碎且间断面产状各异,难以由一组间断面控制。可能的滑塌模式为圆弧滑坡,见图 1 - 9。

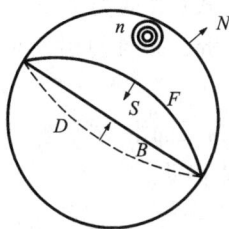

图 1 - 8 倾倒破坏

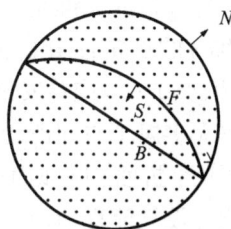

图 1 - 9 圆弧滑坡

4. 石根华关键块体识别法

关键块体之所以是岩体中的薄弱环节,不仅在于它能自行滑塌,而且一旦滑塌又为相邻块体提供了释放面,从而引起相邻块体的滑塌,图 1 - 10 中 Ⅰ 块体就是关键块体。

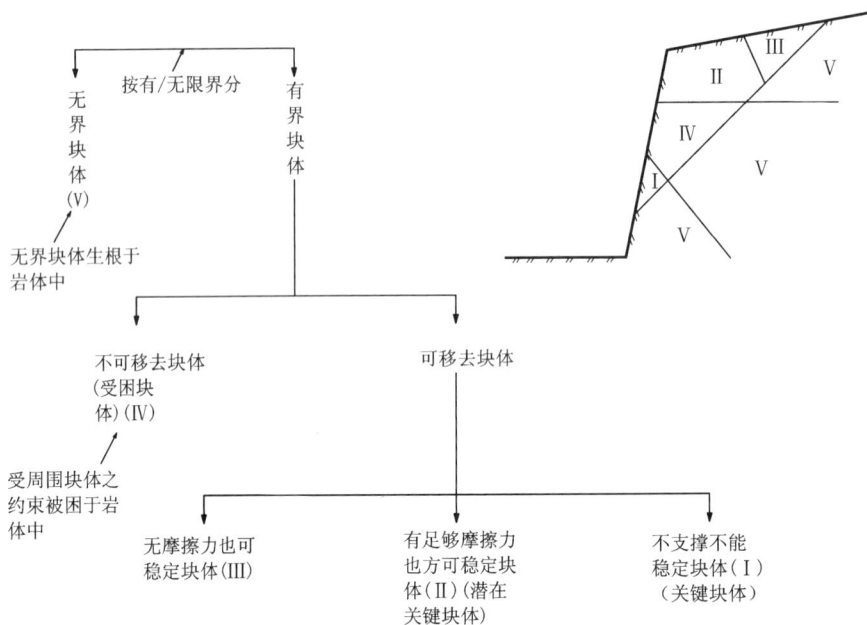

图 1 – 10　石根华关键块体识别法示意图

1.3　边坡稳定性设计

1.3.1　边坡稳定性设计流程

边坡稳定性设计涉及的专业知识、工作内容很多，是一项庞杂的系统工程，需要遵循一定的设计思路，方能收到事半功倍的良效。

边坡稳定性分析的关键是：查明潜滑体——识别滑塌模式（滑动类型）——对不同模式（类型）采用相应的稳定性分析方法——进行潜滑面受力分析——计算潜滑面抗滑（剪）力（矩）和致滑力（矩）——校验安全系数。

边坡滑塌大多属于空间滑动，但在受力分析时往往简化为平面滑动问题。一是常常把滑动面简化为平面、折面、圆弧面；二是把滑体看作为刚体整体移动。

边坡稳定性设计流程（设计步骤）如下：

①工程地质勘察：包括工程地质和水文地质；

②滑塌模式识别：识别潜在滑塌体及其滑塌模式；

③稳定性分析：计算潜滑体安全系数；

④采取稳坡措施：包括疏干排水、减荷载、降坡角、机械加固等；

⑤接受局部滑坡：进行监测、预报并综合计算其危害、损失、影响；

⑥最终决策：④、⑤比较，使经济效益、社会效益最优。

图 1 – 11 给出了边坡稳定性设计流程，图 1 – 12 给出了边坡稳定性分析内容。

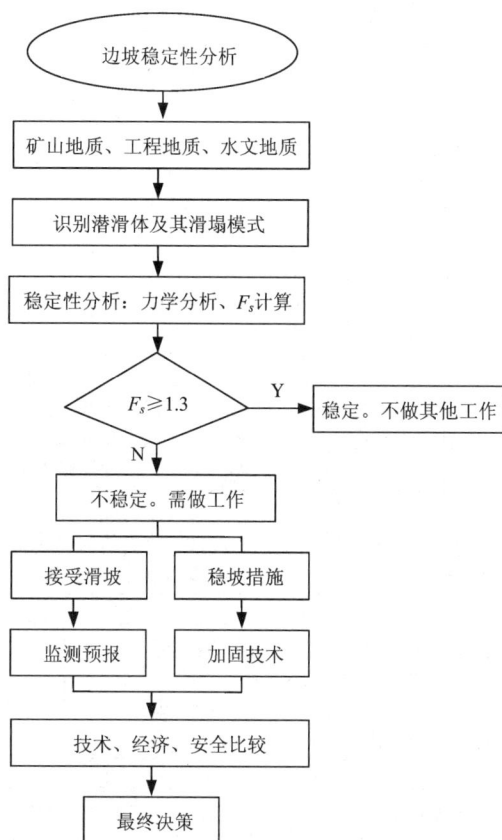

图 1-11 边坡稳定性设计流程

图中流程：

边坡稳定性分析

↓

矿山地质、工程地质、水文地质

↓

识别潜滑体及其滑塌模式

↓

稳定性分析：力学分析、F_s计算

↓

$F_s \geqslant 1.3$ —— Y → 稳定。不做其他工作

↓ N

不稳定。需做工作

接受滑坡 | 稳坡措施

监测预报 | 加固技术

↓

技术、经济、安全比较

↓

最终决策

1.3.2 影响边坡稳定性设计因素

影响边坡稳定性设计的因素很多，如工程地质、水文地质、边坡形态、开挖技术、经济因素、规划设计等，其中最显著的是经济和规划的影响。

边坡开挖需要规划，边坡破坏，或为防止破坏所采取的整治措施都是需要经费的。

下面以露天采场为例，说明经济和规划对边坡设计的影响。

边坡角对露天采场设计和经济的影响，反映出最明显的事实是：为了采出矿体就必须把采掘的废石压缩到最少，矿山的最终边坡一般要挖成尽可能陡的角度。然而以这种方式得到的经济利益，可能被一次大的边坡破坏所抵消，所以评价最终边坡的稳定性是露天采场设计中的一个重要部分。

在一个露天矿中，不仅最终边坡角对生产的总利润具有影响，而且根据现金流通计算，往往有相当大的经济收益是以初期剥离中采用陡坡获得的。

单个台阶的稳定性受工程地质、水文地质、边坡形态等控制，也受边坡所用的开挖技术控制。因此，对于不同的采矿环境，台阶到底应当设计成多高、多陡才能保证其稳定，必须根据地质构造、地下水条件以及发生在该边坡中的其他控制因素来加以评价，是需要事先进

```
┌─────────────────────────────────┐
│ ①收集地质资料。 包括钻孔岩芯、地表测绘、 │
│ 岩石/体力学参数、地应力测量、RS/GPS照片等 │
└─────────────────────────────────┘
                 ↓
┌─────────────────────────────────┐     ┌──────────────────┐
│ ②分析地质资料,建立主要地质(边坡破坏)      │→→→ │ ③边坡内不存在      │
│ 模式。结合待研究矿山边坡来研究这些地质模      │     │ 潜滑面/破坏面/    │
│ 式,以评价待研究边坡滑动可能性及发展趋势      │     │ 不连续面或其破坏   │
└─────────────────────────────────┘     │ 无关紧要。这些边   │
                 ↓                        │ 坡不做进一步的    │
┌─────────────────────────────────┐     │ 稳定性分析,据作   │
│ ④边坡内存在不利的潜滑面,且这些边坡在       │     │ 业要求确定坡角    │
│ 采矿作业的任何阶段都可能处于临界破坏状       │     └──────────────────┘
│ 态。对这些边坡应详细研究                │
└─────────────────────────────────┘

┌──────────────┐  ┌──────────────────┐  ┌──────────────────┐
│ ⑥进行不连续面剪 │  │ ⑤据地表测绘和岩芯记 │  │ ⑦在钻孔中安装水压计。确 │
│ 切试验,特别是有 │→→│ 录,对临界边坡区进行 │←←│ 定地下水流模式和压力、监 │
│ 黏土或擦痕时   │  │ 详细的地质研究,包括 │  │ 视采矿时地下水位变化   │
│            │  │ 矿体外专门钻/坑探   │  │                │
└──────────────┘  └──────────────────┘  └──────────────────┘
                 ↓
┌──────────────────────────────────────────┐
│ ⑧据⑤、⑥、⑦所得详细资料,用极限平衡法重新分析圆弧/平面/楔形滑坡 │
│ 的临界边坡区,并检查风化、倾倒或爆破引起的其他边坡破坏类型        │
└──────────────────────────────────────────┘
                 ↓
┌──────────────────────────────────────┐
│ ⑨对破坏危险性大的边坡进行研究,方案有:            │
│ ⓐ削坡减载;        ⓑ疏干排水;            │
│ ⓒ加固支护,包括锚杆、锚索等稳坡措施;            │
│ ⓓ承担破坏危险并实施预测预报监控方案            │
└──────────────────────────────────────┘
          ↓                        ↓
┌──────────────────┐      ┌──────────────────────┐
│ ⑩若加陡边坡所节省的费用大于设 │      │ ⑪在不危及人身和设备安全情况下,根据预报和 │
│ 计和修建稳定系统的费用,则采用排 │      │ 适应滑坡的能力,接受滑坡并承担破坏的风险。 │
│ 水或加固措施稳定边坡       │      │ 位移测量是最可靠的预报方法        │
└──────────────────┘      └──────────────────────┘
```

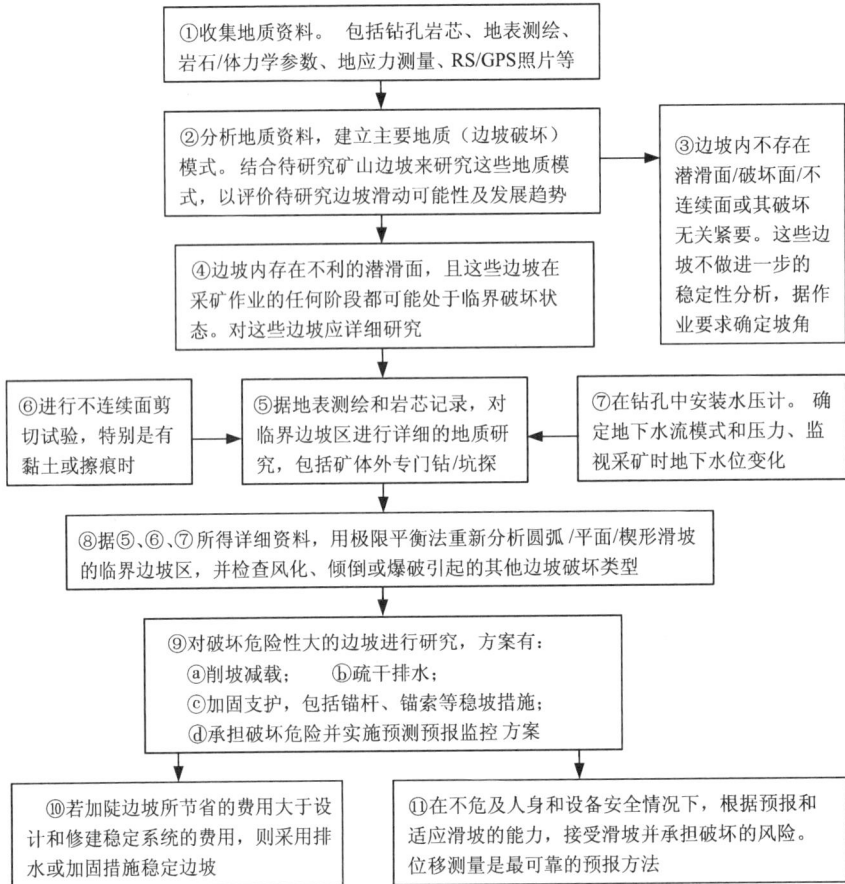

图1-12 边坡稳定性分析内容

行规划的。

图1-13所示的边坡中,两个大型的不连续面在开挖初期就暴露出来。测出这两个间断面的倾向和倾角并投射到岩体中,结果表明:当边坡高度达到100 m时,间断面的交线就将出露在坡面上。这就需要研究这个边坡的稳定性,如果发现边坡不稳,还需要估算采取对策所需的各种方法的费用。

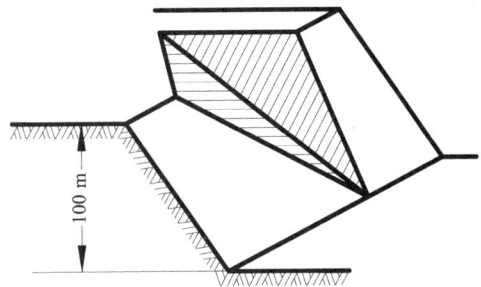

图1-13 楔体破坏实例分析图

图1-14是图1-13所示边坡在干燥和饱水两种极端情况下坡角与安全系数的对应关系。当边坡角陡于64°时,饱水边坡的安全系数就会降至1.0以下,边坡就会破坏,干燥边坡在坡角大于40°的任何情况下其安全系数都大于1.0,但为了保证边坡的稳定,对开采台阶,安全系数可能要达到1.25(干燥边

坡坡角60°，饱水边坡坡角47°)或1.3(干燥边坡坡角54°，饱水边坡坡角44°)，对比较永久性的边坡，如运输平台边坡，安全系数可能要求达到1.5(干燥边坡坡角46°，饱水边坡坡角42°)，因此，排水成为增强边坡稳定性的最有效措施之一。

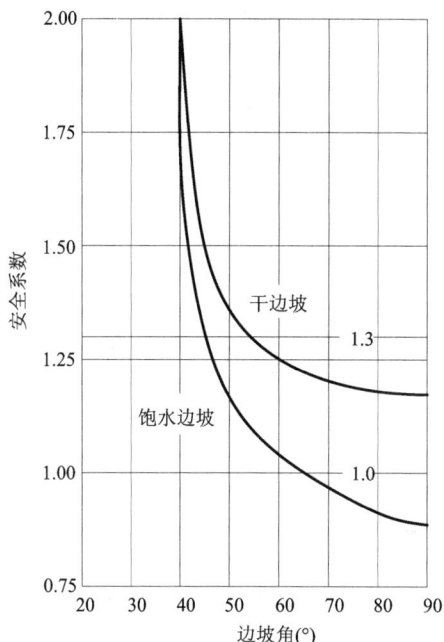

图1-14 安全系数随坡角变化图   图1-15 各种加固措施所需费用变化图

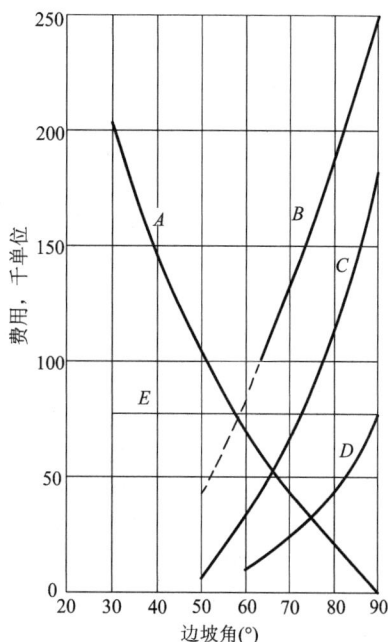

图1-15给出了图1-13所示边坡安全系数达到1.3时各种加固措施所需的费用变化曲线，其中A为削坡减载所需的费用、B为清除边坡破坏所需的费用、C为饱水边坡中安装锚索所需的费用、D为干燥边坡中安装锚索所需的费用、E为边坡疏干排水所需的费用。

由此可见，经济和规划对边坡稳定具有决定作用。从经济效益考虑，总是希望规划的边坡角越陡越好，但从边坡稳定角度出发，必须以损失经济效益为代价，将边坡角设计得较为平缓，或采用加固的方法，使边坡得以稳定。

本章习题

1. 何谓边坡？简述边坡构成要素和分类。
2. 简述导致滑坡的影响因素有哪些。
3. 何谓边坡的滑塌模式？常见的边坡滑塌模式有哪些？
4. 识别边坡滑塌的方法有哪些？
5. 何谓平面滑坡、楔体滑坡、圆弧滑坡、倾倒破坏？
6. 何谓极限平衡分析法？简述安全系数的定义及取值。
7. 何谓关键块体？举例说明石根华关键块体识别法。
8. 简述边坡稳定设计基本思路(流程)。

9. 简述边坡破坏的危害。

10. 简述影响边坡稳定性设计的因素。

11. 简述经济和规划对边坡设计的影响。

12. 简述边坡研究的发展方向。

13. 试举例你见过或听过的滑坡实例，并分析导致其滑坡的诱因。

第 2 章 工程地质、水文地质调查

2.1 地质间断分类

1. 地质间断面按成因分类

地质间断按成因不同分为原生间断、构造间断、次生间断三大类。

(1)原生间断是在岩体生成过程中形成的。如沉积岩中的层理、不整合及假整合面、原生软弱夹层；岩浆岩中的接触面、岩脉、冷凝节理；变质岩中的片理、板理、片麻理及片状软弱矿物的富集带等。

(2)构造间断是地壳构造运动的产物。如断层、破碎带、节理等。

(3)次生间断是后期地壳运动和人工开挖引起的。如岩溶、原生和构造间断的泥化和弱化、风化裂隙、卸荷节理、人工爆破造成的破裂和裂隙等。

2. 地质间断面按规模分类

地质间断面按规模或延伸范围分为大型地质间断和小型地质间断二类。

(1)大型地质间断 延展范围超过露天矿三个台阶。如断层、破碎带、软弱和泥化夹层、层间错动带、不整合面、岩层界面、破碎或软弱的接触面风化蚀变岩脉等等。断层是这类地质间断的代表，故又称为断层级地质间断。

(2)小型地质间断 延展范围不超过露天矿三个台阶。如节理、层理、片理和片麻理等等，以节理为代表，故又称为节理级地质间断。

节理级地质间断的另一个特点是：在一段边坡中成组重复出现，同组节理大致平行。同时出现的节理群在几何上可以有两组甚至三组，岩体受多组节理切割后，运动自由度显著增加，破坏模式也将增加，但节理只能构成小型滑塌体。

2.2 工程地质调查

工程地质调查的目的主要是掌握边坡地段的工程地质情况，包括地质构造和间断面的分布、规模、产状等。工程地质调查的主要内容包括：收集原始资料、现场踏勘、结构面详查、深部和外围补充钻探、工程地质资料的综合分析等。

1. 收集原始资料

主要收集地质详查报告、图件及为边坡稳定分析所作的专门研究或补充资料。

2. 现场踏勘

对边坡地段及其周围的地形、地物、水系、矿岩露头等进行综合调查与测绘，并与边坡联系起来。

现场踏勘主要对断层级地质间断进行追索、对节理级地质间断进行详查。

要求将所有可见或隐蔽的断层级地质间断都填入 1/1000 地质平面及剖面图中而不得遗

漏,遗漏这类大型地质间断可能产生严重的失察后果。最易遗漏的断层是不穿过矿体的隐蔽断层,为追索这类断层可访问负责矿区勘探的地质师,根据他们提供的线索再次进行踏勘,必要时可补充槽探甚至钻探。

3. 结构面详查

对一个边坡(矿坑)而言,断层级的间断数量有限,个别情况下甚至没有断层级间断,但节理级间断可能随处可见,因此,节理是边坡工程中最主要、最多的结构面。

结构面详查可采用详测线抽样法调查,采样点通常布设在坡顶面的露头或地下坑道内。每条测线的抽样测量长度不少于 30 m 或不少于 100 条节理,观测和记录的内容包括:

(1)测点或测线的位置和坐标;

(2)间断面的产状(走向、倾向、倾角);

(3)间断面的延展长度和开口宽度;

(4)间断面的弯曲程度或平直度;

(5)间断面的干湿度(干燥、稍湿、潮湿、滴水、涌水);

(6)相邻间断面的间距(密度/频度);

(7)间断面两壁间的充填物和粗糙度;

(8)间断面两壁的岩性。

结构面详查的抽样方法很多,简便易行的有两种:

(1)如果有路堑式的露头可供选择,则通常采用沿一根固定线(见图 2-1)逐一观测所有与此线交切的地质间断面并按上面的内容逐一测记每个地质间断的方法。这条测线可称为详细线或扫描线,它们通常由一条 30 m 左右的钢尺构成。首先找一处有代表性的、长度适当且较为平整的岩面,以近 30 m 的距离在岩面上打入两根细钢钎作为固定点,其高度以高于腰低于肩为准,然后将钢尺张直并尽量贴近岩面壁固定在钢钎上,这时安装工作就完成了,剩下的工作是记录测线所在的位置,并用地形测量方法测出固定点的坐标。

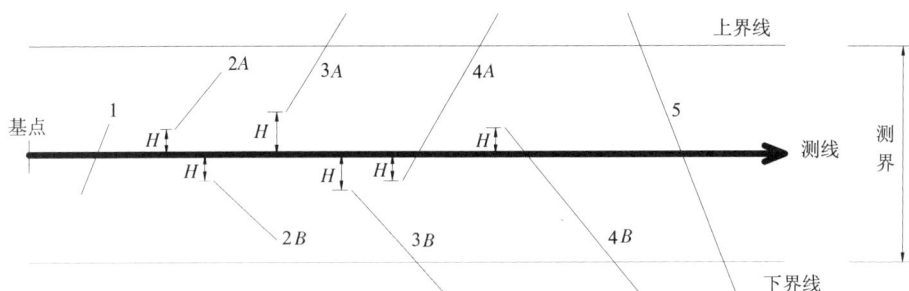

图 2-1 测线、测带、结构面持续性示意图

观测工作从测线的一端(基点)推向另一端,依先后顺序测读每一个能与钢尺相交切的间断面。首先读出间断面与钢尺交切点的长度,然后依次用罗盘测间断面的产状、用测杆读间断面在岩面上的延展长度、用短尺读间断面的开口宽度,其它需加观测的内容以肉眼观察凭经验作判断。

测线测量方法使用很广,不同作者曾使用过不同的名称如详细线法、扫描线法等来称呼它们，内涵大致相似，布线方法也大抵相同。

（2）场地只有零星小露头而无法布置扫描线的场合也不见少，这时只能采用见露头测露头的散点法，这种方法要求测绘者有较丰富经验，能迅速区分同组的节理，从而量出它们的间距。

4. 深部、外围补充钻探

补充钻探的目的是进一步掌握存在于深部及外围的大型或典型地质缺陷（如大断层、破碎带、软夹层、地下水等）及其与边坡内已有结构面的联系（关系）。

如果经过详细的地面研究或一段时间的剥离工作后发现有可能影响边坡稳定的重大地质缺陷存在于深部，这时就需要考虑深部或外围补充钻探。钻探孔位和深度设计应由边坡工程师和地质专业人员共同商定，钻探施工应由工程钻探勘察的专业单位承担，并提出要求如下：

（1）由于断层、破碎带是补充钻探的主要对象，通过这类地层时应使用双重或三重岩芯管，且其内管应为拼合式管，以尽可能提高岩芯提取率和减少对岩芯的扰动。

（2）要能够按要求采得定向岩芯，故应有适当的岩芯定向技术并能经常进行钻孔倾角和方位角的测量及节理的产状测量。

（3）将开凿的钻孔同时用于研究地下水和水压测量甚至地应力测量，水压计的安装应在测孔施工完毕后进行。

（4）补探钻孔应有详细的地质编录，岩芯必须长期妥善保存，应计算 RQD 指标，即岩芯质量指标，见式（2 – 1）：

$$RQD = \frac{\geq 100 \text{ mm 整段岩芯的累计长度}}{\text{钻孔长度}} \times 100\% \qquad (2 - 1)$$

确定 RQD 时一般要用直径不小于 50 mm 的岩芯，且应是用双套管的金钢石钻机钻取的。RQD 值通常应按长 2 m 的每个钻进回次逐一确定。

5. 工程地质资料的综合分析

工程地质资料综合分析就是将上述收集的、与边坡相关的结构面资料进行综合分析，主要包括断层填图和节理统计，以充分掌握边坡及其所在岩体的各种工程地质情况。

（1）断层填图

断层级的地质间断延展长度大，工程意义重要，因此在工程地质的图件（包括平面图、剖面图）中必须将它们全部填入。填图内容包括断层结构、产状、厚度、破碎/填充物及其胶结性、渗水性等。

（2）节理统计

节理级地质间断随处可见，它们数量多、规模小，既不能全部查明也不能逐一填入图中。幸好它们通常呈一种近乎平行的面族出现，其"平均"产状和分布规律可以用统计方法展示出来。常用的节理统计方法有：统计表或方框图、玫瑰花图、极点密度等值线图、极射赤平投影图等，分析软件有：Rocscience 软件（Dips 地质数据的几何学和统计学分析模块、Slide 二维边坡稳定分析模块、RocPlane 岩质边坡平面滑移稳定性分析模块）、Stereo 软件（结构面节理裂隙立体分析软件）等。Rocscience. Dips 模块主要用于进行地质方位数据的交互式分析，输入完整的电子数据表后，可获得点、轮廓、玫瑰图等的方位表示和方位簇的统计分布图，以及特征属性的定性和定量分析。Stereo 分析则可直接获得节理裂隙统计的极点图、玫瑰图及优势结构面赤平投影图。

某铜矿矽卡岩组节理调查统计结果如表2-1和图2-2~图2-6。

表2-1 优势节理统计表

调查地点	节理产状	区间节理条数	平均倾向	平均倾角
-530 m 中段	(1)200°~210°∠71°~90°	26	204.5	88.85
	(2)220°~230°∠70°~88°	20	223.45	80.4
-575 m 中段	(1)20°~30°∠60°~89°	13	26	75.38
	(2)160°~170°∠56°~82°	15	164.73	73
-605 m 中段	(1)2°~8°∠80°~90°	9	4.89	85.22
	(2)20°~28°∠30°~87°	16	24.69	53.06
-635 m 中段	(1)0°~10°∠71°~86°	13	5.92	79.15
	(2)340°~350°∠60°~90°	19	345.95	78.74
-680 m 中段	(1)131°~138°∠44°~63°	5	133.6	51.2
	(2)171°~175°∠45°~79°	8	173.25	64.25
全区综合	(1)200°~210°∠50°~80°	31	204.19	65.77
	(2)340°~350°∠60°~90°	41	345.15	76.51

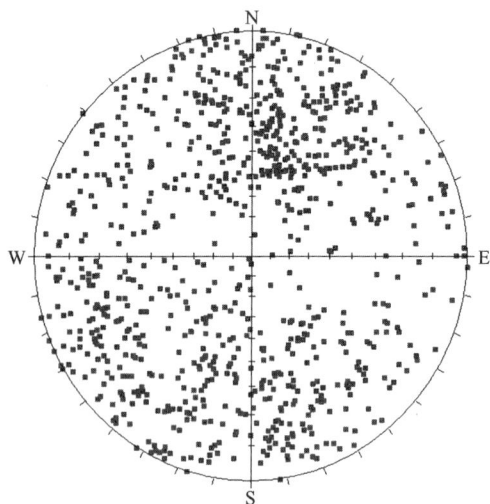

图2-2 节理调查极点图

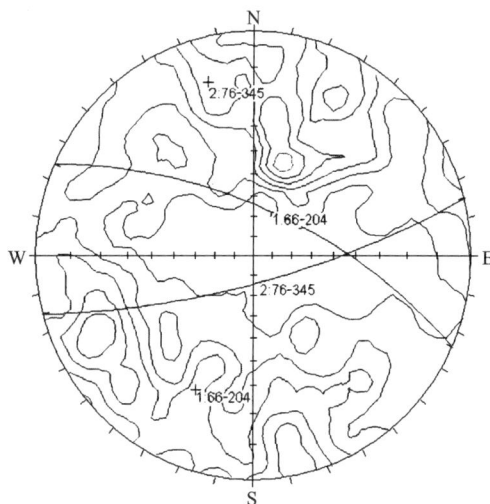

图2-3 节理极点密度等值线和
优势结构面赤平投影图

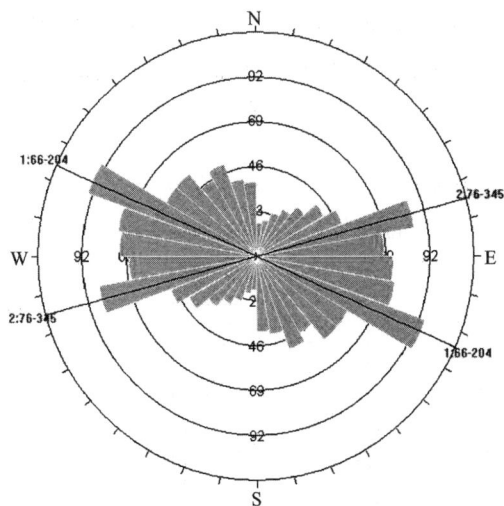

图 2-4　节理玫瑰花图

全区矽卡岩组倾角频数直方图

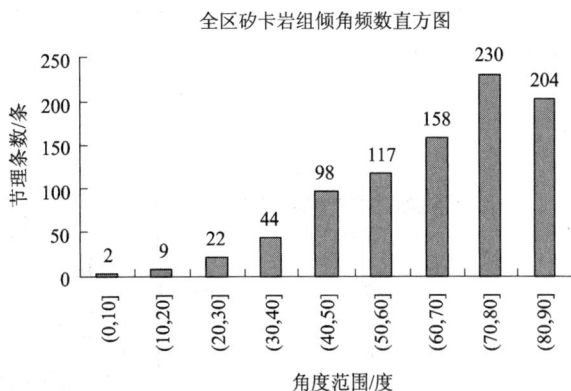

图 2-5　节理倾角频数直方图

全区矽卡岩组节理间距直方图

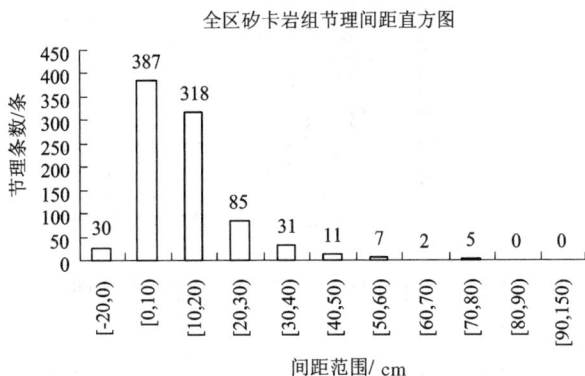

图 2-6　节理间距直方图

2.3　水文地质调查

水文地质调查的目的主要是掌握边坡地段的水文情况,包括地表水(源)、地下水及其赋存、运动和渗流规律等。

1. 场区水文地质

水源调查:包括大气降水/雪(年降雨量、月和小时最大降水量、大量降水期)、地表水体、地下水(含水地层)。

地层渗(透)水性:用渗透系数 k 表示,并用降水头法或常水头法测定。

承压含水层:一旦开采至未经查明的承压含水层,并使边坡的隔水地带受到扰动、损伤甚至破坏,就有可能突发滑坡和突水事故。

2. 地下水赋存状态和运动规律

即使是干燥地面和临空面的地下岩土体中仍然普遍存在地下水。地下水在土体中主要赋存于孔隙内，在岩体内则赋存于裂隙中，亦即赋存于各种地质间断中。水在地表下的赋存情况如图 2-7 所示。

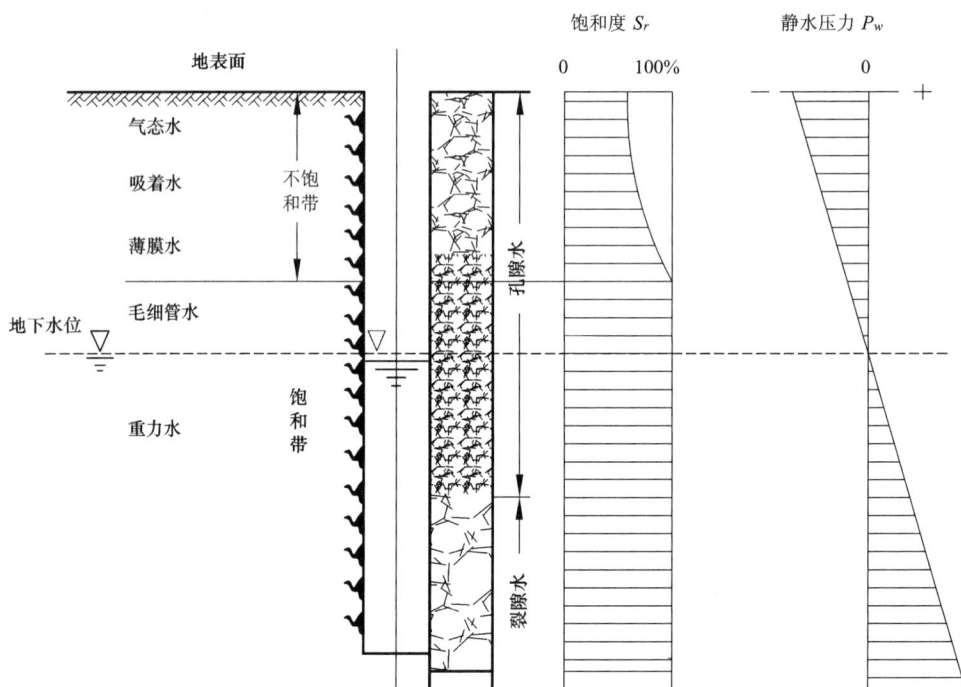

图 2-7　地下水在岩土体中赋存状态示意图

由图 2-7 可见：紧临地面通常存在一个不饱和含水带。此带的最上层，水以蒸汽形式与空气一起充满于土体孔隙里，往下是水液吸着在土粒上，再往下是吸着水加厚成薄膜水，然后进入饱和含水带。饱和含水带的最上层水是由毛细力维持的，再往下水已摆脱了岩土颗粒引力而能在重力作用下在岩土孔（裂）隙中运动，称为重力水。如由地面向地下打井，水井的水面即重力水的上界面又称为潜水面，潜水面距地面的深度随地区而不同。与潜水面等高位置的静水压力为零，潜水面以上静水压力为负，水滴的运动方向与重力方向一致；潜水面以下静水压力为正且随深度而增加，水滴的运动方向取决于地下水流的运动方向，往往以水平向运动为主。

地下水与大气中的水及地面水体有互补关系，部分雨水将渗入地下成为地下水，地下水则通过蒸发、渗出和抽出又回到大气中。当潜水面高于地面水体时，地下水将补给地面水体，反之地面水体将成为地下水的补给源。

由于地形、补给关系和地层透水性的不同，地下水的潜水面往往起伏不平甚至还可能发生跳跃和间断，因此地下水必将在地下发生流动，这种在岩土体孔（裂）隙中的地下水流称为地下水渗流。地下水渗流与地面迳流及降水间的关系如图 2-8 所示。

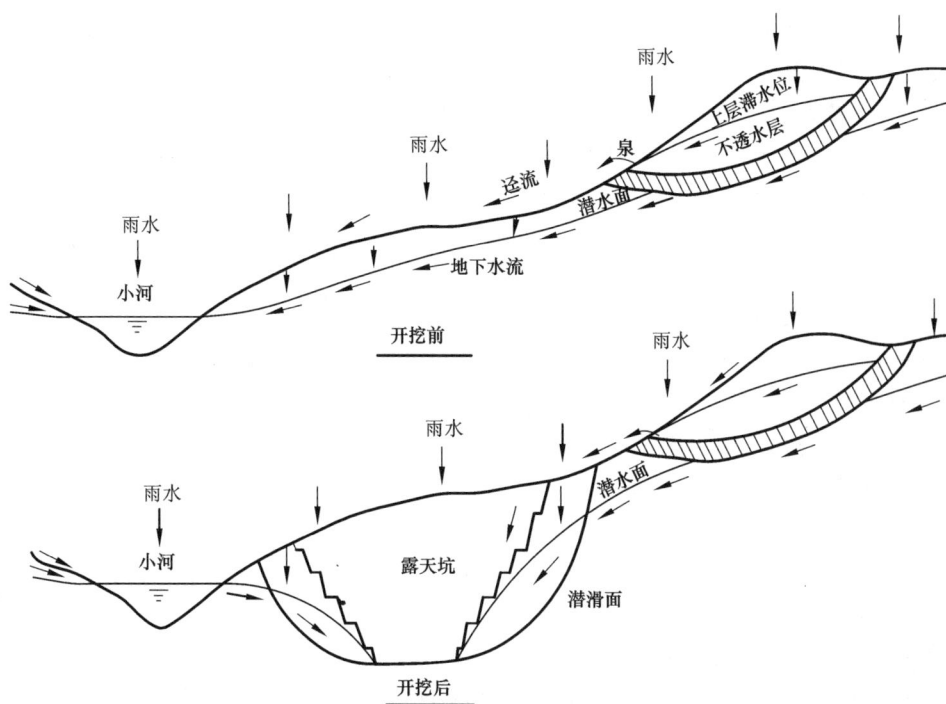

图 2 - 8　地下水渗流、地面迳流及降水关系示意图

如果没有人为扰动，地下水的埋藏和渗流相对比较稳定，大规模的人工开挖会使地形发生巨变，使深埋的各种含水地层暴露出来，从而引起开挖边坡周围的地下水流图发生巨变，使边坡内潜水的水力坡度加陡，地下水可能向矿坑汇集，从而给边坡稳定带来种种不利影响。

3．地下水渗流规律

（1）渗流现象

地下水可在岩土体相互贯通的孔隙中流动，这种流动称为渗流。

水流所在的空间称为流场，一微小流团在流场中的流动轨迹称为流迹，一条由流场空间的几何点构成的曲线称为流线。流动图案不随时间而改变的流动称为稳定流（或定常流），随时间改变的流动称为非稳定流。在稳定流条件下流迹与流线重合。

流场中单位重量的流体具有的机械能称为水力势，记为 H

$$H = z + \frac{p}{\rho g} + \frac{v^2}{2g} \qquad (2-2)$$

式中：H——总水头，m；

　　z——流团标高；

　　p——流团所受压强；

　　ρ——流体密度；

　　v——流团流速。

式（2-2）左边具有长度量纲并可用高度表示，故水力势 H 又称为水头；右边第一项由流

团标高 z 引起称为高度头，第二项由流团压强 p 引起称为压头，第三项由流团流速 v 引起称为速度头。如果流体不可压缩且流态稳定，则在同一流线上的各个微流团的总水头 H 守恒。

工程上，进行渗流分析和计算时，一般作如下简化：

① 不考察微流团在岩土体孔隙中流动的真实轨迹，简化成光滑流线。

② 不考虑速度头 $v^2/2g$ 对水头的影响，简化为仅与高度头和压头有关。

③ 地下水的渗流规律，符合达西定律，即

$$v = ki \quad 或 \quad Q = k(\frac{h_3 - h_4}{L})A \quad\quad (2-3)$$

式中：v——渗流速度，$v = Q/A$；

      k——标志渗流能力大小的实验常数，称渗透系数，具有速度的量纲；

      i——水力坡度或称水力梯度，$i = \Delta h/L$；

      Q——单位时间的体积流量；

      A——横截面积；

      L——渗流长度。

（2）流网及绘制

图 2-9 绘出了各向同性介质二维流场中的 3 条流线及与之正交的 3 条等势线，图中 b_1、b_2、b_3 和 L_1、L_2、L_3 分别表示域元①、②、③的平均宽度与长度。

由于流动是连续稳定的，因而

$$\Delta Q_1 = k \frac{\Delta h_1}{L_1} b_1 = k \frac{\Delta h_2}{L_2} b_2$$

及

$$\Delta Q_2 = k \frac{\Delta h_1}{L_3} b_3$$

若使：

$$\frac{b_1}{L_1} = \frac{b_2}{L_2} = \frac{b_3}{L_3} \quad\quad (2-4)$$

则有

$$\Delta h_1 = \Delta h_2、\Delta Q_1 = \Delta Q_2 \quad\quad (2-5)$$

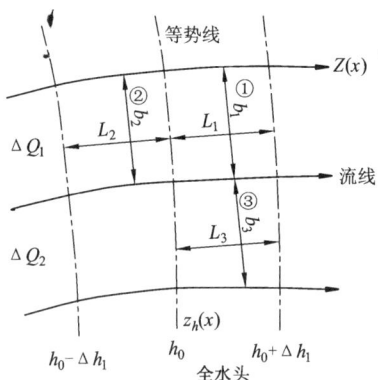

图 2-9 各向同性介质二维流场中的流线和等势线

由此可见：若按条件式（2-4）绘制流线及等势线族，则相邻两流线间的流量 ΔQ 应相等，相邻两等势线间的全水头差 Δh 在任何地方都相同，这样的线网称为流网。

以达西定律为基础，渗流问题可化为在给定边界条件下求解水头函数 h 的二阶偏微分方程问题，然而在工程上用手绘流网求解的方法也很常用。

手绘流网的关健步骤是绘出浸润线即潜水面的界线，为绘出浸润线需要确定上下游的水位线，一旦确定它们后，首先用短程线联结之，然后再加以适当修改使其成为流线型。图 2-10 中浸润线上游水位与库水位一致，但浸润线的出发线段应与上游坡面垂直，因为上游坡线是等势线，而浸润线的终点应位于坝趾的碎石排水坡面上且流线应与坡面垂直。此图中坝底面不透水，沿不透水面应存在底流线，这样，浸润线与底流线就圈定了流场，流场中的流线均位于其中且与之相容。

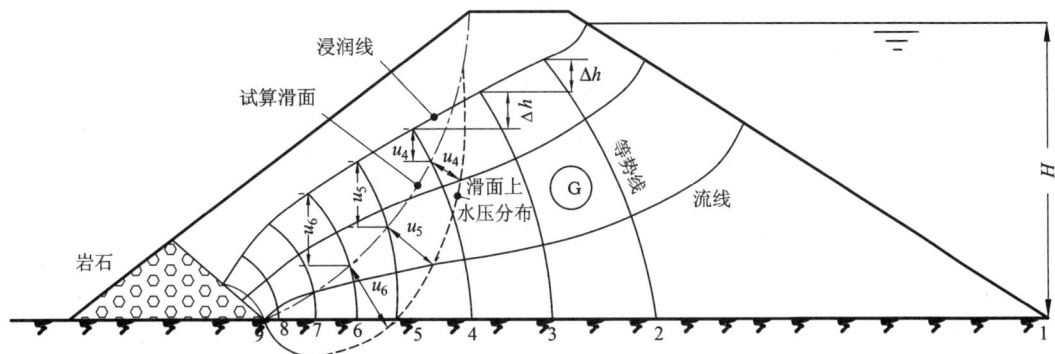

图 2-10　典型手绘流网图

下一步可试绘等势线，先在浸润线上以等高差点为出发点作等势线，使之横切流域，其一端垂直于浸润线，另一端垂直于底流线。

然后再作域内流线，并使相邻两流线与相邻两等势线构成直角曲边四边形。

最后对上述图象作适当调整，以期使得 b_i/l_i 保持不变，即使网元高宽比不变。

这种作图方法适用于均质各向同性渗流场，更复杂的问题可从更专门的文献查到。

（3）流网在边坡分析中的应用

流网在边坡工程中主要用于水压分布、渗透力、涌水量估算等。

有兴趣的读者可参阅相关资料。

4. 场区水文地质条件的识别

（1）场区水源的调查

场区的富水性取决于水源及泄水条件，水源有三：大气降水、地面水、地下水。

大气降水：应通过收集附近气象台站的降水资料加以了解。其中包括：年降雨量、最大月降雨量、最大小时降雨量、10min 雨强、暴雨持续时间等。这类资料不仅对坑坡而且对废石堆的稳定性和暴发矿山泥石流都有重要意义。许多滑坡均是在降水后发生的（如图 2-11 所示新滩滑坡降雨量与位移量关系），值得十分重视。大型矿山企业应建立自己的气象站对降雨量作长期观测和统计。

地面水：场区附近的水体如河川、湖塘、尾矿库、沟渠等有可能向矿坑渗水，应加以注意。

地下水：富水岩层也有可能向矿坑补给水，在喀斯特发育地区尤其如此，此时补给源可能远离矿区。

（2）地层渗透性的识别

地层的渗透性可用渗透系数表示，岩土体按其渗透性能的不同，分为三大类，如表 2-2 所示。表 2-3 收集了几种常见岩石的渗透系数，表 2-4 收集了部分岩体的渗透系数。

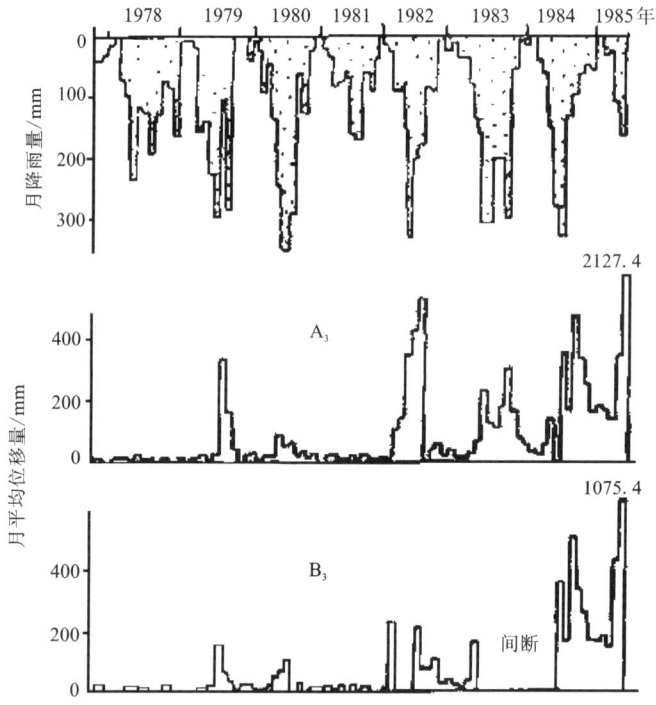

图 2-11 新滩滑坡降雨量与位移量关系图

表 2-2 岩土体渗透性能分类

渗透系数(10 m/s)		完整岩石	破裂岩石	土
(1)实际上不透水的	10^{-10} 10^{-9} 10^{-8} 10^{-7}	板 岩 白云岩 花岗岩		风化带下均匀黏土
(2)低涌水难疏干的	10^{-6} 10^{-5} 10^{-4} 10^{-3}	石灰岩	黏土充填节理 节理岩石	很细的砂,有机及无机粉砂,砂与 黏土的混合物 冰积土、层状黏土沉积层
(3)高涌水易疏干的	10^{-2} 10^{-1} 1.0 10^{1} 10^{2}	砂 岩	张开节理岩石 强破裂岩石	净砂、净砂与砾石混合物 净砾

表 2 – 3　几种常见岩石的渗透系数

岩石名称	室内测定渗透系数(10 m/s)
砂岩(白垩纪复理层)	$10^{-8} \sim 10^{-10}$
粉砂岩(白垩纪复理层)	$10^{-8} \sim 10^{-9}$
花岗岩	$5 \times 10^{-11} \sim 2 \times 10^{-10}$
板岩	$7 \times 10^{-11} \sim 1.6 \times 10^{-10}$
角砾岩	4.6×10^{-10}
方解石	$7 \times 10^{-10} \sim 9.3 \times 10^{-8}$
灰岩	$7 \times 10^{-10} \sim 1.2 \times 10^{-7}$
白云岩	$4.6 \times 10^{-9} \sim 1.2 \times 1.2 \times 10^{-8}$
砂岩	$1.6 \times 10^{-7} \sim 1.2 \times 10^{-5}$
硬泥岩	$6 \times 10^{-7} \sim 2 \times 10^{-6}$
黑色片岩(裂纹化的)	$10^{-4} \sim 3 \times 10^{-4}$
细粒砂岩	2×10^{-7}
鲕状岩石	1.3×10^{-6}
蚀变花岗岩	$(0.6 \sim 1.5) \times 10^{-5}$

表 2 – 4　几种岩体的渗透系数

岩体名称	室内测定渗透系数(10 m/s)
阿特来特(Arterite)混合岩	3.3×10^{-3}
绿泥石化阿特来特岩及页岩	0.7×10^{-2}
片麻岩	$1.2 \times 10^{-3} \sim 1.9 \times 10^{-3}$
伟晶岩化花岗岩	0.6×10^{-3}
褐煤层	$1.7 \times 10^{-2} \sim 23.9 \times 10^{-2}$
砂岩	10^{-2}
泥岩	10^{-4}
阿生尼(Oocene)灰岩	$10^{-2} \sim 10^{-4}$

上面所列的渗透系数值可供作边坡概念性设计时参考,但在岩体的水文地质环境复杂的场合,为较为精确地确定岩体的渗透性能,则需进行分层渗透系数的现场测量。

分层渗透系数可通过钻孔逐段进行测定,通常用孔底段作为测试段,其分布方式如图 2 – 12 所示。测段以上可用套管或用竖管封闭,管下端接有栓塞,栓塞充气后即可将测试段与上部孔段隔离。常用的测试方法有降水头测试法和常用头测试法两种。

降水头法:试验孔到位后应首先冲洗,直至循环水中没有沉积物为止,然后监测管中水位直到它稳定,记此水位为 H_w,再安装栓塞并充气使隔出的试验段长度不小于 3 m,进而向

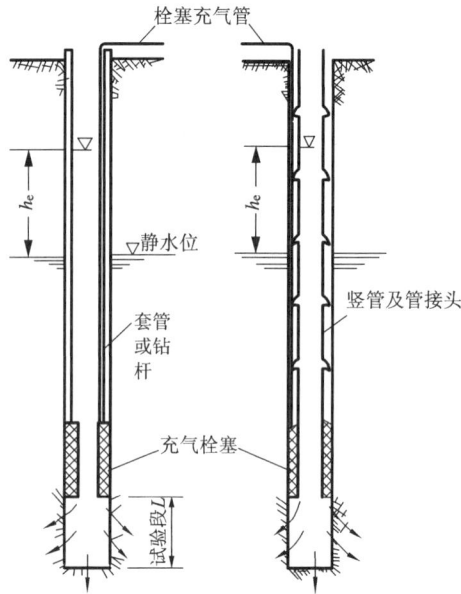

图 2 – 12　渗透系数的测定方法

孔中注水，使有逾量压头为 h_e，然后停止注水并每分钟记录两次水位降落直至回到原生水位，这一过程通常历时 15 ~ 30 min。

常用头法：准备工作与降水头法相同，只是达到逾量压头为 h_e 后，继续向孔中注水，并调整注水量直使逾量压头 h_e 保持恒定，使 h_e 保持恒定的流量记为 q。

渗透系数 k 按下列公式计算：

降水头试验

$$k = \frac{A}{F(t_2 - t_1)} \ln \frac{H_1}{H_2} \qquad (2-6)$$

常水头试验

$$k = \frac{q}{F h_e} \qquad (2-7)$$

式中：A——孔面积，$A = \frac{1}{4} \pi d^2$，d 是钻孔套管内径，对倾斜孔应按椭圆面积计算；

　　　F——形状因素，取决于孔底条件，各典型情况的 F 按表 2 – 5 选取；

　　　H_1、H_2——t_1 及 t_2 瞬间钻孔中的静止水位；

　　　q——流量；

　　　h_e——逾量压头。

降水头测验迅速、简单、费用低，但精度较低，如果水位下降太快，就需要采用常水压头试验法。

表 2 - 5　形状因素算式

孔底	条　件	形状因素 F
	在渗透系数均一的土或岩石中套管达到孔底，管内径 d 单位为 cm	$F = 2.75d$
	套管达到不透水和透水岩层的界面，套管内径 d 的单位为 cm	$F = 2.0d$
	钻孔在套管末端外延深距离为 L，钻孔直径为 D	$F = \dfrac{2\pi L}{\ln(2L/D)}$，$L > 4D$
	在水平和铅垂向渗透系数不同的层状土或岩土中钻孔在套管末端外延深距为 L	当确定 K_h 时：$F = \dfrac{2\pi L}{\ln(2mL/D)}$ 式中：$m = \left(\dfrac{K_h}{K_v}\right)^{1/2}$，$L > 4D$
	套管达到不透水层界面钻孔在套管末端外延 L	$F = \dfrac{2\pi L}{\ln(4L/D)}$，$L > 4D$

（3）承压含水层的识别

如果坡体中存在着未经查明的承压含水层，一旦开采下延至使承压含水层与边坡之间的隔水地带受到扰动、损伤甚至破坏时，就有可能突发滑坡和突水事故。这类事实并不罕见。

为提前发现这类隐患，需要仔细研究外围的地质和水文地质环境，特别注意上升泉的出露和分布，如需钻探则需要首先拟定钻探计划，长期观测可通过水压测量来进行。

5. 矿坑地质特征及边坡综合平面图

结束矿床勘探工作后绘制的"矿区综合地质平面图"是研究矿坑边坡问题的基本起点之一。边坡研究所得成果将对此图做出补充，修改补充完毕后的图件就成了"矿坑地质特征及边坡工程综合平面图"，修改补充工作包含的内容大致如下：

（1）将边坡的轮廓绘入此图之中，主要是坡顶边界、坑底边界。坡顶边界以外一定宽度范围内不应有地质空白，若有空白则应在研究边坡问题时予以补填。

（2）断层级的大型地质间断应填入此图之内；勘探和测绘过程中布置的钻孔和坑探、槽探及详细线位置应加绘在图上,新发现的重要地质现象亦应加绘在图中。

（3）整个边坡应划分为若干扇形区,对各扇形区进行地质间断测绘的结果应整理为赤平投影极点集中图摆在此图上,各扇形区的富水及透水性也应予以标明。

（4）各扇形区的潜在滑塌模式可用霍克图解法加以标明。

（5）上述图件可作为边坡稳定分析的基础,分析的结果将对上述图件的边坡轮廓作出修改,于是需要新绘轮廓。

（6）修改后的加固段、排水工程、边坡监测点等也应加绘于上述图件中。

本章习题

1. 按成因和规模不同,地质间断可分为哪几类?

2. 何谓断层级地质间断?何谓节理级地质间断?

3. 简述工程地质调查(结构面调查)的目的和步骤。

4. 简述工程地质调查(结构面调查)的主要内容。

5. 节理面详查时,应观测和记录节理的哪些信息?

6. 简述深部和外围补充钻探的目的和工作要求。

7. 常用的节理统计方法有哪些?并用实例说明。

8. 简述水文地质调查的目的和主要内容。

9. 简述地下水的赋存状态及其对边坡的影响。

10. 何谓渗流?分析渗流时一般会作哪些简化?

11. 何谓流网?如何绘制流网以及流网有何作用?

第 3 章　边坡岩土抗剪强度计算

3.1　概述

边坡稳定性分析就是应用岩石(体)力学或土力学理论,识别边坡滑塌的滑面位置和模式、计算滑面的剪应力和抗剪强度、分析抵抗下滑的力素、研究采用何种加固技术措施等,以评估边坡是否符合安全要求(安全系数校验)、技经要求(技术可行、经济合理)。

边坡滑塌的基本条件是存在地质间断面(潜滑面),但存在地质间断面的边坡并非一定滑塌,关键是潜滑面的抗滑力(矩)是否足以抵抗其致滑力(矩)。滑面的抗滑力主要是潜滑面提供的剪应力(抗剪强度),滑面的致滑力主要是潜滑体重力的分力、静/动水浮(压)力、振动(如地震、爆破)力等的合力。因此,进行边坡稳定性分析,首先要掌握潜滑面抗剪强度计算方法,然后才能回答潜滑体是否发生滑塌以及如何防止滑塌等问题。

根据潜滑体物料、结构面的不同,潜滑面抗剪强度计算分:

(1)结构面(地质间断面)抗剪强度计算;

(2)节理化岩体(多组结构面岩体)抗剪强度计算;

(3)土(砂土/黏土)体抗剪强度计算。

对边坡是否滑塌问题,主要进行极限平衡分析和安全系数校验(计算)。

对防止边坡滑塌问题,主要进行监测和预报,并采用必要的加固技术。

确定潜滑体是否发生滑塌的工作,称滑体稳定性分析。

3.2　岩坡抗剪强度计算

3.2.1　岩坡稳定性分析

1. 岩体分类

(1)完整坚硬岩体:岩坡体仅有稀疏、不连续地质间断面,无潜滑体存在——无需分析;

(2)结构控制岩体:岩坡体中的地质间断构成了潜滑体,但滑塌与否取决于滑面的抗剪强度;

(3)破碎风化岩体:岩坡体被密集小间面断切割变得非常破碎,滑面将由进入极限应力状态的那些“微元”的剪切面联结而成。对这类岩坡滑塌体的分析,无法追究每个微面的抗剪强度,而是将岩坡体视为土坡质“连续体”,并考虑多组间断对其强度的削弱影响。

岩坡体抗剪强度主要受结构面控制的影响:

当坡体内仅一组结构面时,岩坡体强度受结构面抗剪强度和结构面方位的影响;

当坡体内有两组结构面时,岩坡体强度受较弱一组结构面抗剪强度及其性质的影响(控制)。

当坡体内有多组结构面时,岩坡体强度受结构控制不显著,各向异性程度显著降低,变为土坡质"似均质体",但其强度显著降低。

岩坡的滑塌形式主要有:岩滑——平面滑动、楔形滑动、圆弧滑动(旋转滑动);

岩崩——倾倒破坏。

岩坡滑动过程分为:初期蠕变、滑动破坏、逐渐稳定三个阶段。

2. 影响岩坡稳定的主要因素

(1)结构面:包括沉积作用的层面、不(假)整合面,火成岩的侵入面、冷缩面,变质作用的片理面,构造作用的断裂结构面等地质间断面。

(2)软弱岩层:如黏土(泥)页岩、凝灰岩、泥灰岩、云母片岩、滑石片岩、岩盐、石膏层等。这类岩层遇水易软化,强度大幅度降低,形成软弱层。

(3)软弱结构:如断层泥、黏土质夹层、泥质充填物等。

(4)岩体应力:由自重应力、构造应力、渗透压力、温度应力、惯性力等形成边坡剪应力(τ),当$\tau > \tau_f$(许用剪应力)时,岩体沿结构面滑动。

(5)地下水:水是边坡破坏的重要影响因素,水对边坡稳定的影响有百害而无一利。

3.2.2 岩体抗剪强度

1. 结构面抗剪强度试验方法

(1)室内剪切试验

①直剪仪

如图 3-1 所示,改变正应力 $\sigma(\sigma^{(1)} \sigma^{(2)} \sigma^{(3)} \cdots)$,得相应剪应力 $\tau(\tau^{(1)} \tau^{(2)} \tau^{(3)} \cdots)$,在 $\tau-\sigma$ 坐标系作各点$(\sigma^{(1)} \tau^{(1)})$,$(\sigma^{(2)} \tau^{(2)})$,$(\sigma^{(3)} \tau^{(3)})$,…的回归直线,即为 τ_f 线。

②三轴剪力仪

如图 3-2 所示,改变 $\sigma_3(\sigma_3^{(1)} \sigma_3^{(2)} \sigma_3^{(3)} \cdots)$,

图 3-1 直剪仪剪切示意图

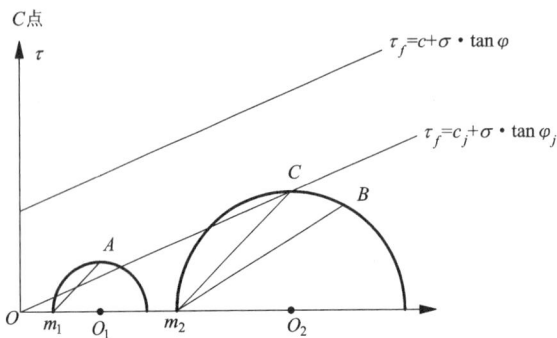

得相应 $\sigma_1(\sigma_1^{(1)} \sigma_1^{(2)} \sigma_1^{(3)} \cdots)$,在 $\tau-\sigma$ 坐标系作各破坏应力圆 $D^{(1)} = \sigma_1^{(1)} - \sigma_3^{(1)}$,$D^{(2)} = \sigma_1^{(2)} - \sigma_3^{(2)}$,…的包络线,即为 τ_f 线。

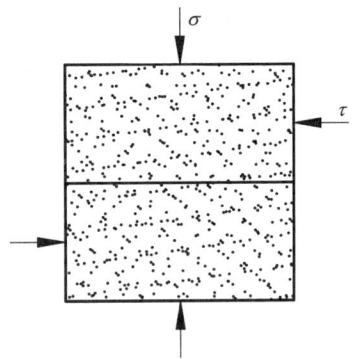

图 3-2 三轴剪力仪原理图

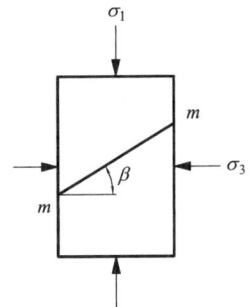

③ 楔形剪

如图 3-3 所示，对轴应力进行分解得到正应力 $\sigma = \dfrac{P}{A}\cos\alpha$，剪应力 $\tau = \dfrac{P}{A}\sin\alpha$，改变 α （$\alpha^{(1)} \alpha^{(2)} \alpha^{(3)} \cdots$），得相应（$\sigma^{(1)} \tau^{(1)}$），（$\sigma^{(2)} \tau^{(2)}$），（$\sigma^{(3)} \tau^{(3)}$），$\cdots$，在 $\tau - \sigma$ 坐标系作出各点 （$\sigma^{(1)} \tau^{(1)}$），（$\sigma^{(2)} \tau^{(2)}$），（$\sigma^{(3)} \tau^{(3)}$），$\cdots$ 的回归直线，即为 τ_f 线。

④ 单轴抗压

如图 3-4 所示，量测轴应力（P/σ_1）与破裂面法线的夹角 β，而 $\beta = 45° - \dfrac{\varphi}{2}$，从而得 $\varphi = 90° - 2\beta$，再作半径为 $R = \dfrac{\sigma_1}{2}$（因 $\sigma_3 = 0$）的极限应力圆及其倾角为 φ 的应力圆的切线，即为 τ_f 线。

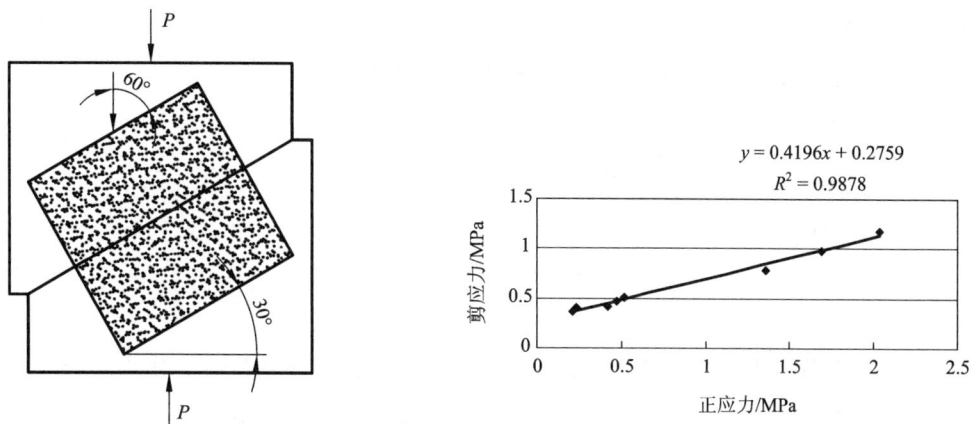

$$y = 0.4196x + 0.2759$$
$$R^2 = 0.9878$$

图 3-3　楔形剪示意图及实例

（2）原位剪切试验

原位试验是在岩体结构面中进行的试验，原理与直剪试验相同，目的是增大试块尺寸、减少爆破（开挖）扰动和破坏，提高试验结果的准确性。

2. 结构面抗剪强度影响因素

影响结构面抗剪强度的因素主要有：孔隙水压力、结构面粗糙度、结构面方位、充填物等。

（1）孔隙水压力 P_w

水对岩石强度的影响（强度下降）叫岩石软化。

软化主要是由于静水压力和胶结物被破坏所致，影响程度用有效应力（$\sigma - P_w$）计算。

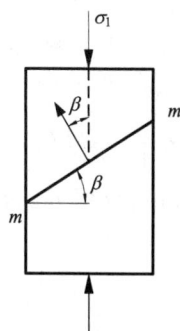

图 3-4　单轴抗压示意图

据太沙基（Terzaghi）有效应力定律：若外部静水压力与 P_w 增加同样的量，则骨架的体积变化与增加外部静水压力所产生的体积变化相比较，可忽略不计，在剪切破坏中，仅增加法向应力则 τ 无变化，由此说明：控制饱和土样（体积变形、强度变化）的不是总应力 σ 而是有效应力（$\sigma - P_w$）。因此，P_w 对结构面抗剪强度的影响就是将抗剪强度公式中的 σ 换成有效

应力$(\sigma - P_w)$即可，即

$$\tau_f = c_j' + (\sigma - P_w)\tan\varphi_j' \tag{3-1}$$

式中：c_j'，φ_j'——有效应力意义下的内聚力和内摩擦角。

（2）粗糙度

结构面凹凸起伏的程度叫粗糙度。一级突起称起伏度，二级突起称粗糙度。

粗糙结构面在剪应力下滑动时，并非处处（各点）均平行于剪应力方向（图3-5）。

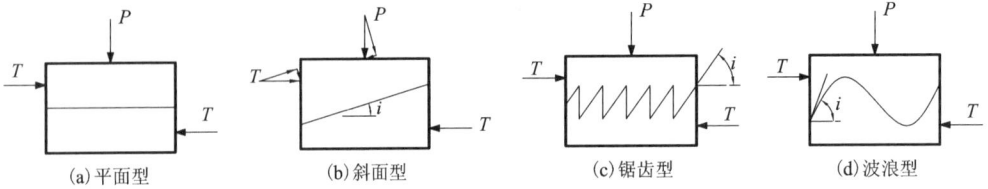

| (a)平面型 | (b)斜面型 | (c)锯齿型 | (d)波浪型 |

图3-5 粗糙度示意图

（a）平面型

$$\frac{T}{P} = \tan\varphi_j，即 \frac{T/A}{P/A} = \frac{\tau}{\sigma} = \tan\varphi_j，亦即 \tau_f = \sigma \times \tan\varphi_j \tag{3-2}$$

（b）斜面型

$$\frac{T^*}{P^*} = \tan\varphi_j \tag{3-3}$$

将P、T沿结构面分解得$T^* = T\cos i - P\sin i$，$P^* = T\sin i + P\cos i$，代入式（3-3）得：$\frac{T}{P} = \tan(\varphi_j + i)$，即$\tau_f = \sigma \times \tan(\varphi_j + i)$，亦即结构面具有"表观"摩擦角$(\varphi_j + i)$。

① 帕顿（Patton）把倾斜模型推广到（c）锯齿型、（d）波浪型结构面，并通过大量试验发现：

当正压力P较小时，$\tau_f = \sigma \times \tan(\varphi_j + i)$，即滑动遵循斜面型结构面性质，既有$T$方向位移，又有$P$方向扩容（凸起）。

当正压力P较大时，$\tau_f = c_j + \sigma \times \tan(\varphi_j + i)$，即滑动不沿倾斜面产生，而是穿过锯齿根部破坏，只有T方向位移，没有P方向扩容。这是因为：上下岩块错动后，接触面(A)减少$\Rightarrow \sigma^\uparrow (\sigma \propto \frac{1}{A}) \Rightarrow \tau_f^\uparrow (\tau_f \propto \sigma) \Rightarrow$导致突起部分被剪断。

② 巴顿（Barton）把斜面模型推变为经验公式：

$$\tau_f = \sigma \cdot \tan(\varphi_j + JRC \cdot \lg\frac{R_{cj}}{\sigma})$$

亦即

$$i = JRC \cdot \lg\frac{R_{cj}}{\sigma} \tag{3-4}$$

式中：JRC——节理粗糙度系数，粗糙起伏取20、光滑起伏取10、光滑平面取5；

R_{cj}——结构面岩壁的单轴抗压强度，一般$R_{cj} < R_c$。

③ 若结构面内有静水压力，则造成结构面开始破坏的静水压力值为：

$$P_w = \frac{c_j}{\tan\varphi_j} + \sigma_3 + (\sigma_1 - \sigma_3) \cdot (\cos^2\beta - \frac{\sin\beta \cdot \cos\beta}{\tan\varphi_j}) \tag{3-5}$$

式中：β——结构面法线与最大主应力 σ_1 的夹角。

计算时，用 $c_j = 0$、$\varphi_j = \varphi + \beta$，求 $P_w^{(1)}$；用 $c_j \neq 0$、$\varphi_j = \varphi$，求 $P_w^{(2)}$，则：

$$P_w = \min\{P_w^{(1)} \quad P_w^{(2)}\} \tag{3-6}$$

（3）结构面方位

试验发现，当结构面处于某种方位（倾角 β）时，在某些应力条件下，破坏不沿结构面发生，而仍为岩石材料破坏。

将结构面破坏准则（极限平衡方程）改写为：

$$\sigma_1 - \sigma_3 = \frac{2c_j + 2\sigma_3 \tan\varphi_j}{(1 - \tan\varphi_j \cdot \cot\beta)\sin2\beta} \tag{3-7}$$

① 当 $\beta \to 90°$ 时，$\sin2\beta \to 0$，则 $\sigma_1 - \sigma_3$（或 σ_1）$\to \infty$，说明岩石破坏不沿结构面发生；

② 当 $\beta \to \varphi_j$ 时，$\tan\varphi_j \cdot \cot\beta \to 1$，则 $\sigma_1 - \sigma_3$（或 σ_1）$\to \infty$，说明岩石破坏不沿结构面发生；

③ 当 $\dfrac{\mathrm{d}(\sigma_1 - \sigma_3)}{\mathrm{d}\beta} = 0 \Rightarrow \beta = 45° + \dfrac{\varphi}{2}$，说明岩石破坏沿结构面发生，此时：

$$\sigma_{1\min} = \sigma_3 + \sigma_3(N\varphi_j - 1) + 2c_j\sqrt{N\varphi_j}, \quad N\varphi_j = \tan^2\left(45° + \frac{\varphi}{2}\right) \tag{3-8}$$

（4）充填物

古德曼（Goodman）认为：充填物厚度超过表面突起幅度（即 $f > a$）后，结构面（节理）强度由充填物强度所控制。

虎克（Hoek）认为：结构面有充填物时，必须重视充填物对岩体渗透性的影响。特别是泥质充填时，可能将地下水堵塞，在岩体内形成高水压，从而影响（降低）结构面凝聚力，削弱抗剪强度，降低岩体稳定性。

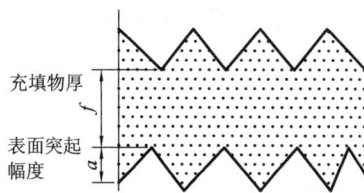

图 3-6　充填物对结构面强度影响示意图

3. 节理（强烈破碎）岩体的抗剪强度

大断层（一般指宽度 > 2 m 结构面）的抗剪强度单独考虑。

小节理/裂隙对抗剪强度的影响在研究岩体/岩块强度中考虑。

（1）节理面的抗剪强度

设：（1）节理面法线与主应力线的夹角为 β（$\beta = 0$，则节理面与主应力线垂直；$\beta = 90°$，则节理面与主应力线平行；$0° < \beta < 90°$，则节理面与主应力线斜交）；

（2）节理面剪切试验仍用直剪仪试验较多（剪切面必须是节理面）；

（3）节理面的极限平衡状态可用库仑准则或莫尔圆进行判断。

① 用库仑准则判断

$$\tau = \tau_f = c_j + \sigma \cdot \tan\varphi_j \tag{3-9}$$

亦即：节理面实际受到的剪应力 τ 达到其许用抗剪强度 τ_f 时为极限平衡状态。

② 用莫尔圆判断

图 3-2 所示，A 点在节理面许用抗剪强度 τ_f 线上方，说明实际受到的剪应力 $\tau > \tau_f$，故结构面不稳定（即滑动）；B 点在节理面许用抗剪强度 τ_f 线下方，说明实际受到的剪应力 $\tau < \tau_f$，故结构面稳定；C 点在节理面许用抗剪强度 τ_f 线交点，说明实际受到的剪应力 $\tau = \tau_f$，故结构面极限平衡。

由《材料力学》可知：在 σ_1、σ_3 应力状态下，节理面（$m-m$）上的剪应力及正应力分别为：

$$\tau = \frac{\sigma_1 - \sigma_3}{2}\sin 2\beta = (\sigma_1 - \sigma_3)\sin\beta\cos\beta \qquad (3-10)$$

$$\sigma = \frac{\sigma_1 + \sigma_3}{2} + \frac{\sigma_1 - \sigma_3}{2}\cos 2\beta = \sigma_1\cos^2\beta + \sigma_3\sin^2\beta \qquad (3-11)$$

代入节理面的库仑公式（$3-9$）$|\tau| \leqslant c_j + \sigma \cdot \tan\varphi_j$（稳定或极限平衡），得：

$$(\sigma_1 - \sigma_3)\sin\beta\cos\beta \leqslant (\sigma_1\cos^2\beta + \sigma_3\sin^2\beta)\tan\varphi_j + c_j$$

整理得到节理面稳定或极限平衡的条件为：

$$\sigma_1\cos\beta\sin(\varphi_j - \beta) + \sigma_3\sin\beta\cos(\varphi_j - \beta)) + c_j\cos\varphi_j \geqslant 0 \qquad (3-12)$$

当 $\beta < \varphi_j$ 时，左边恒 $>0 \Rightarrow$ 稳定

当 $\beta = \varphi_j$ 时，左边恒 $>0 \Rightarrow$ 稳定

当 $\beta > \varphi_j$ 时，视具体情况而定：$\beta = 45° + \varphi_j$ 时，左边恒 $>0 \Rightarrow$ 稳定

（2）节理岩体的抗剪强度

① 虎克 – 布朗强度准则

虎克 – 布朗节理岩体强度准则：

$$\sigma_1 = \sigma_3 + (m \cdot R_c \cdot \sigma_3 + s \cdot R_c^2)^{\frac{1}{2}} \qquad (3-13)$$

相应于剪切面上的剪应力：

$$\tau = (c \cdot \tan\varphi_i - \cos\varphi_i)\frac{mR_c}{8} \qquad (3-14)$$

式中：R_c——完整岩块的单轴抗压强度，MPa；

　　　m、s——与原岩体破碎程度和岩性有关的参数，完整岩块 $s=1$、破碎岩体 $s<1$；

　　　c_i——瞬时粘结强度（内聚力），$c_i = \tau - \sigma \cdot \tan\varphi_i$；

　　　φ_i——瞬时摩擦角（曲线上点的切线倾角）。

$$\varphi_i = \arctan\frac{1}{\sqrt{4h\cos^2\theta - 1}}$$

$$h = 1 + \frac{16(m \cdot \sigma + s \cdot R_c)}{3m^2 \cdot R_c}$$

$$\theta = \frac{1}{3}\left(90 + \arctan\frac{1}{\sqrt{h^2 - 1}}\right)$$

② 虎克 – 布朗强度准则在边坡工程中的应用

A. m、s 参数的确定

首先确定 RMR 值，再据 RMR 值计算 m、s。

RMR 值的确定方法有两种：

别里亚夫斯基岩体质量评分 RMR（Rock Mass Rating）——可用于地下和地面工程；

巴顿 RMR 法——仅用于地下工程。

参与 RMR 法评分的因素（详见表 3 – 1）。

岩块单轴抗压强度 R_c：取值 15→0；

RQD 值：取值 20→0；

节理间距：取值 20→0；

节理条件：取值 30→0；

地下水：取值 15→0，也可取 10 而不参与详细评分。

将上述 5 个因素的取值相加，即得到该岩体的 RMR 值。

表 3-1　岩体质量评分（RMR）标准

序号	参数		值域				
1	完整岩块强度，/MPa	点载荷强度	低于 1 MPa，可用单轴强度	1~2	2~4	4~8	>8
		单轴抗压强度	1~3　3~10　10~25	25~50	50~100	100~200	>200
	分值		0　1　2	4	7	12	15
2	钻孔岩心质量 RQD/%		<25	25~50	50~75	75~90	90~100
	分值		3	8	13	17	20
3	节理间距/m		<0.05	0.05~0.3	0.3~1	1~3	>3
	分值		5	10	20	25	30
4	节理特征		软泥厚张开 > 5 mm，或张开 > 5 mm 的连续节理	光滑镜面或夹泥厚<5 mm 或张开 1~5 mm 的连续节理	表面粗糙宽 < 1 mm，岩壁面软弱	表面略粗糙宽 < 1 mm，岩壁面坚硬	表面非常粗糙，不连续，无宽度，岩壁面坚硬
	分值		0	6	12	20	25

再据 RMR 值，得到 m、s 值：

扰动岩体：$m = m_i \cdot \exp[(RMR-100)/14]$

$\qquad s = \exp[(RMR-100)/6]$

未扰动岩体：$m = m_i \cdot \exp[(RMR-100)/28]$

$\qquad s = \exp[(RMR-100)/9]$

式中：m_i——岩体的岩石材料的 m 参数。

B. 工程应用

有了 m、s、R_c 后，代入式（3-13）、式（3-14）就可求得 σ_1、τ 值。也可用简化计算，直接用式（3-15）近似计算节理岩体抗剪强度：

$$\tau = A \cdot R_c \cdot (\frac{\sigma}{R_c} - T) \cdot B \qquad (3-15)$$

式中：A、B——取决于岩体质量的参数，可查表 3-2 获得；

$\quad T$——常数，$T = \dfrac{m - \sqrt{m^2 + 4s}}{2}$，也可查表 3-2 获得；

$\quad R_c$——岩块单轴抗压强度，MPa；

$\quad \sigma$——剪切面上的正应力，$\sigma = \sigma_3 + (mR_c \cdot \sigma_3 + s \cdot R_c^2)^{\frac{1}{2}}$。

据此 τ 值与 τ_f 比较，即可判断其稳定性。

表 3 - 2　岩体质量与经验常数间的近似关系

经验破坏判据 $\sigma = \sigma_3 + (mR_c \cdot \sigma_3 + s \cdot R_c{}^2)^{\frac{1}{2}}$ $\tau = A \cdot R_c \cdot (\dfrac{\sigma}{R_c} - T) \cdot B$ $T = \dfrac{m - \sqrt{m^2 + 4s}}{2}$	碳酸盐岩石,结晶解理甚发育 白云岩、石灰岩、大理岩	石化泥质岩石 泥岩、页岩、粉砂岩、板岩(垂直于板理)	砂质岩石,含坚固的结晶,晶体解理不发育 砂岩、石英岩	细粒、含多种矿物结晶火成岩 安山岩、粗玄岩、辉绿岩、流纹岩	粗粒、含多种矿物结晶的火成岩及变质岩 闪石岩、辉长岩、片麻岩、花岗岩、苏长岩、石英闪长岩
完整岩样 大小如实验室试件尺寸,无节理。 CSIR 记分 100,NGI 记分 500	$m = 7.0$ $s = 1.0$ $A = 0.816$ $B = 0.658$ $T = -0.140$	$m = 10.0$ $s = 1.0$ $A = 0.918$ $B = 0.677$ $T = -0.099$	$m = 15.0$ $s = 1.0$ $A = 1.044$ $B = 0.692$ $T = -0.067$	$m = 17.0$ $s = 1.0$ $A = 1.086$ $B = 0.696$ $T = -0.059$	$m = 25.0$ $s = 1.0$ $A = 1.220$ $B = 0.705$ $T = -0.040$
极优质岩体 紧密结合的原状岩石,节理未风化,间距 3 m 左右。 CSIR 记分 85,NGI 记分 100	$m = 3.5$ $s = 0.1$ $A = 0.651$ $B = 0.679$ $T = -0.028$	$m = 5.0$ $s = 0.1$ $A = 0.739$ $B = 0.692$ $T = -0.020$	$m = 7.5$ $s = 0.1$ $A = 0.848$ $B = 0.702$ $T = -0.013$	$m = 8.5$ $s = 0.1$ $A = 0.883$ $B = 0.705$ $T = -0.012$	$m = 12.6$ $s = 0.1$ $A = 0.998$ $B = 0.712$ $T = -0.008$
优质岩体 新鲜到微风化岩石,略受过扰动,节理间距 3~1 m。 CSIR 记分 65,NGI 记分 10	$m = 0.7$ $s = 0.004$ $A = 0.369$ $B = 0.669$ $T = -0.006$	$m = 1.0$ $s = 0.004$ $A = 0.427$ $B = 0.683$ $T = -0.004$	$m = 1.5$ $s = 0.004$ $A = 0.501$ $B = 0.695$ $T = -0.003$	$m = 1.7$ $s = 0.004$ $A = 0.525$ $B = 0.698$ $T = -0.002$	$m = 2.5$ $s = 0.004$ $A = 0.603$ $B = 0.707$ $T = -0.002$
一般岩体 有几级中度风化的节理,间距 1~0.3 m。 CSIR 记分 44,NGI 记分 1.0	$m = 0.14$ $s = 0.0001$ $A = 0.198$ $B = 0.662$ $T = -0.0007$	$m = 0.20$ $s = 0.0001$ $A = 0.234$ $B = 0.675$ $T = -0.0005$	$m = 0.30$ $s = 0.0001$ $A = 0.280$ $B = 0.688$ $T = -0.0003$	$m = 0.34$ $s = 0.0001$ $A = 0.295$ $B = 0.691$ $T = -0.0003$	$m = 0.50$ $s = 0.0001$ $A = 0.346$ $B = 0.700$ $T = -0.0002$
劣质岩体 有许多风化节理,间距 0.3~0.05 m,中间夹有一些断层泥——洁净的废石也属此类。 CSIR 记分 3,NGI 记分 0.01	$m = 0.04$ $s = 0.0001$ $A = 0.115$ $B = 0.646$ $T = -0.0002$	$m = 0.05$ $s = 0.0001$ $A = 0.129$ $B = 0.655$ $T = -0.0002$	$m = 0.08$ $s = 0.0001$ $A = 0.162$ $B = 0.672$ $T = -0.0001$	$m = 0.09$ $s = 0.0001$ $A = 0.172$ $B = 0.676$ $T = -0.0001$	$m = 0.13$ $s = 0.0001$ $A = 0.203$ $B = 0.686$ $T = -0.0001$
极劣质岩体 有大量强风化节理,间距小于 0.05 m,中间夹有断层泥——夹细颗粒废石也属此类。 CSIR 记分 3,NGI 记分 0.01	$m = 0.007$ $s = 0.0$ $A = 0.042$ $B = 0.534$ $T = 0.0$	$m = 0.010$ $s = 0.0$ $A = 0.050$ $B = 0.539$ $T = 0.0$	$m = 0.015$ $s = 0.0$ $A = 0.061$ $B = 0.546$ $T = 0.0$	$m = 0.017$ $s = 0.0$ $A = 0.065$ $B = 0.548$ $T = 0.0$	$m = 0.025$ $s = 0.0$ $A = 0.078$ $B = 0.556$ $T = 0.0$

4. 岩体(石)强度理论(破坏准则)

(1)莫尔 - 库仑理论:适用于剪切破坏。

$\tau = c + \sigma\tan\varphi < \tau_f$ 或 $\varphi < \varphi_0$,弹性状态

$\tau = c + \sigma\tan\varphi = \tau_f$ 或 $\varphi = \varphi_0$,极限平衡状态

$\tau = c + \sigma\tan\varphi > \tau_f$ 或 $\varphi > \varphi_0$,破坏

(2)格里菲斯理论:适用于拉伸破坏,即裂缝尖端应力集中和扩展引起的破坏。

$\sigma_1 + 3\sigma_3 > 0$ 时,$(\sigma_1 - \sigma_3)^2 - 8R_t(\sigma_1 + \sigma_3) = 0$,$\beta = \dfrac{1}{2}\arccos\dfrac{\sigma_1 - \sigma_3}{2(\sigma_1 + \sigma_3)}$

$\sigma_1 + 3\sigma_3 < 0$ 时,$\sigma_3 = -R_t$,$\beta = 0$

3.3　土坡抗剪强度计算

3.3.1　土坡稳定性分析

1. 土体分类

(1)砂土:$d = 0.052$ mm,不具塑性、无膨胀、收缩、粘结性,不亲水且透水性好。

(2)黏土:$d < 0.05$ mm 且 $d < 5$ μm 含量大于 30%,可塑,有胀缩性、粘结性、亲水性,吸水且不易透水。

土体是固、液、气三相体,无论是强度或压缩(变形)性能均与其孔隙及孔隙水有关,尤其对黏性土,饱水率 $\omega(= \dfrac{\omega_w}{\omega_s})$ 的影响更甚。

土坡的滑塌形式主要有:黏性土——圆弧滑坡;

砂土——平面滑坡。

2. 影响土坡稳定的因素

(1)地形地质条件:主要指土坡的陡、缓形貌、土基及土体物质组成。

(2)土的物理力学性质:包括土体密度、c、φ 值、夹层裂隙厚度等。

(3)地下/表水:水易使土坡发生润滑、膨胀、冲刷、浸蚀等作用,降低土坡稳定性。

(4)几何条件:包括坡高 H、坡角 β 等。

(5)振动液化:振动在使土体密度增大的同时,也使饱水土体产生液化,降低土坡稳定性。

(6)人为开挖:土坡下部或坡脚开挖,降低了抗滑阻力或抗剪力,易造成失衡而失稳。

3.3.2　土体抗剪强度

1. 土体抗剪强度试验方法

(1)室内剪切试验

按加载方式分为:直剪仪试验、三轴剪力仪试验、单轴抗压试验;

按排水条件分为:不排水剪(快剪)试验、固结不排水剪(固结快剪)试验、排水剪(慢剪)试验。

（2）原位剪切试验

土体的原位剪切试验方法主要有：十字板剪切试验、大型直剪试验。

将探头直接插入待测土层中，然后在地面对轴杆施加扭矩 M，直至将筒形土壁剪断。若最大扭矩为 M_{max}，则侧壁及底面土的抗剪强度为：

$$\tau_f = \frac{2M_{max}}{7D^8} \qquad (3-16)$$

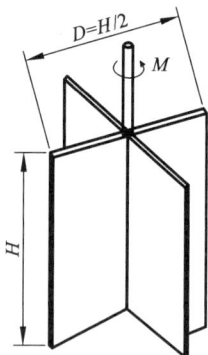

2. 土的抗剪强度

（1）砂土

粗颗粒且无黏聚力的土称为砂土，如粗砂、细砂、粉砂等，所以砂质土的强度线是一条过原点（$c=0$）的直线，即：

图 3-7 土体十字板原位试验示意图

$$\tau_f = \sigma \cdot \tan\varphi \qquad (3-17)$$

砂质土的强度构成：砂粒表面的滑动摩擦、颗粒间的啮合作用、砂土结构破坏后颗粒重排所需的剪切能、砂粒被压碎/剪断所需的能耗等。

（2）黏性土

黏性土与砂质土相区别的重要标志是具有明显的粘聚力（范德华力、库仑力（静电引/斥力）、水胶联结等），故其强度线为：

$$\tau_f = c + \sigma \cdot \tan\varphi \qquad (3-18)$$

3. 影响土体抗剪强度的因素

影响黏性土抗剪强度的主要因素：土的固结程度、孔隙水压。

（1）土的固结程度

若土层现存的上覆压力为 P_0，固结压力（固结成土层时受到的最大压力）为 P_c，则当 $P_c > P_0$ 时，称为超结固土；当 $P_c = P_0$ 时，称为正常结固土；当 $P_c < P_0$ 时，称为欠结固土。

① 对正常固结土

当压力由 P_0 增至 $P_0 + \Delta P$ 时，其孔隙比变化量为：$\Delta e = c_c \cdot \lg \frac{P_0 + \Delta P}{P_0}$，$c_c$ 为土体压缩指数。

② 对超固结土

当 $P_0 + \Delta P < P_c$ 时，其孔隙比变化量为：$\Delta e = c_s \cdot \lg \frac{P_0 + \Delta P}{P_0}$，$c_s$ 为膨胀指数；

当 $P_0 + \Delta P > P_c$ 时，其孔隙比变化量为：$\Delta e = c_c \cdot \lg \frac{P_0 + \Delta P}{P_0} + c_s \cdot \lg \frac{P_c}{P_0}$。

③ 对欠固结土

当压力由 P_0 增至 $P_0 + \Delta P$ 时，其孔隙比变化量为：$\Delta e = c_c \cdot \lg \frac{P_0 + \Delta P}{P_0}$。

（2）孔隙水压力

由太沙基实验：若外部静水压力为 P_0、孔隙水压力为 P_w、剪切破坏中的法向应力为

σ，则：

当 $P_0 \to P_0 + \Delta P$，$P_w \to P_w + \Delta P$ 时，体积变化为 ΔV_1，且剪切强度 $\Delta\tau = 0$；

当 $P_0 \to P_0 + \Delta P$，$P_w \to P_w$（不变）时，体积变化为 ΔV_2，$\Delta V_2 \gg \Delta V_1$，$\Delta V \propto \sigma - P_w$；且剪切强度 $\Delta\tau > 0$，$\Delta\tau \propto \sigma - P_w$。

由此可见，饱和土体的体积变形和强度变化与有效应力 $(\sigma - P_w)$ 成正比，其库仑准则变为：

$$\tau_f = c' + (\sigma - P_w) \cdot \tan\varphi' \qquad (3-19)$$

4. 土的强度理论（破坏准则）

（1）用抗剪强度表示为：

$\tau < \tau_f$ 时，不剪坏（弹性状态）；

$\tau = \tau_f$ 时，可能剪坏（极限平衡状态）；

$\tau > \tau_f$ 时，被剪坏。

（2）用摩擦角表示为：

$c = 0 \Rightarrow \tau_f = \sigma \cdot \tan\theta \Rightarrow \theta = \tan^{-1}\dfrac{\tau_f}{\sigma}$，$\theta < \varphi$，不剪坏；$\theta > \varphi$，可能剪坏；

$c \neq 0 \Rightarrow \tau_f = c + \sigma \cdot \tan\theta = (c \cdot \cot\theta + \sigma)\tan\theta = (P_i + \sigma)\tan\theta \Rightarrow \theta = \arctan\left(\dfrac{\tau_f}{P_i + \sigma}\right)$，

当 $\theta = \theta_{max} < \varphi$ 时，不剪坏；当 $\theta = \theta_{max} = \varphi$ 时，可能剪坏。

5. 土的破坏标准

剪裂破坏：最大剪应力 $= \tau_f$；

塑流破坏：对变形不敏感工程，最大剪应力 $= \tau_f$；

对变形有严格要求的工程，最大允许变形时的剪应力 $= \tau_f$。

本章习题

1. 简述岩坡稳定性分析流程。

2. 影响岩坡和土坡稳定的因素分别有哪些？

3. 岩坡和土坡的破坏类型分别有哪些？

4. 简述岩坡滑动过程。

5. 简述岩体结构面抗剪强度试验方法及影响因素。

6. 简述节理岩体抗剪强度试验方法。

7. 简述岩体破坏准则。

8. 简述土体抗剪强度试验方法及影响因素。

9. 砂质土与黏性土的抗剪强度有何不同？

10. 简述土体的破坏准则及破坏标准。

11. 确定岩体边坡强度的方法有哪些？

第4章 平面滑动稳定性分析

4.1 岩基抗滑稳定性分析

坚硬岩基的滑动破坏主要受岩体中大型结构面或软弱结构面及其空间组合形态所控制。由于岩基中天然岩体的强度主要取决于岩体中各软弱结构面的分布情况及其组合形式,而不是取决于个别岩块的极限强度,因此,探讨岩基的强度与稳定性时,首先应查明岩基中各种结构面和软夹层的位置、方向、性质及其作用,其次应考虑周围滑动面的产状、面积、体积、受力。

岩基(水工坝体)失稳形式主要有两种情况:

① 岩体强度 > 坝体钢砼强度,同时,岩基坚硬完整且无显著软弱结构面,大坝失稳多数沿岩基与坝体接触处产生——表层滑动破坏。

② 岩基内部存在结构面和软夹层,岩体强度 < 坝体钢砼强度,大坝失稳在岩基内发生——深层滑动破坏。

4.1.1 表层滑动稳定性计算

如图 4 - 1 所示,取单位长度坝体分析,岩基表面的坝体主要受四个力作用:

(1)坝体重力: W

(2)水体对坝体侧压力:

$$E = \frac{1}{2}\gamma H^2 \tan^2\left(45° - \frac{\varphi}{2}\right)$$

(3)岩基对坝体(滑动面 AB)浮托力: U

(4)岩基与坝体摩擦力:

$$R = c \cdot l + (W - U)\tan\varphi$$

因此,坝体沿岩基表面滑动的稳定性安全系数为:

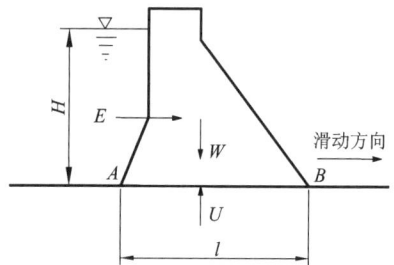

图 4 - 1 坝体表层滑动示意图

抗滑力: $R = c \cdot l + (W - U)\tan\varphi$

致滑力: $$T = E = \frac{1}{2}\gamma H^2 \tan^2\left(45° - \frac{\varphi}{2}\right)$$

安全系数:

$$F_s = \frac{R}{T} = \frac{c \cdot l + (W - U)\tan\varphi}{\frac{1}{2}\gamma H^2 \tan^2\left(45° - \frac{\varphi}{2}\right)} \tag{4 - 1}$$

式中: l——坝底宽度;

c——坝体与岩基接触面的凝聚力;

γ——水体容重;

φ——坝体与岩基接触面的摩擦角。

若 $c=0$，则 $F_s = \dfrac{(W-U)\tan\varphi}{E}$

4.1.2　深层滑动稳定性计算

在进行深层滑动稳定性计算时，必须首先判断岩基中"可能潜在滑动面"的形状及位置，确定可能产生滑动的块体，然后根据力学原理分析块体的受力，最后求出块体的抗滑安全系数 F_s。

岩基中有多个"可能滑动面"时，需逐个求出其抗滑安全系数，从而求得安全系数最小的那个最危险滑动面。

1. 滑动面倾向上游

如图 4-2 所示，设坝体不会沿岩基表面 AC 滑动，而是与滑动面倾向上游的深层滑体 ABC 一起沿 BC 面向下游滑动，则可将坝体与深层滑体 ABC 视为一个联合滑动体，且设该联合滑动体的重力为 W。取单位长度联合滑动体分析，联合滑动体主要受四个力作用：

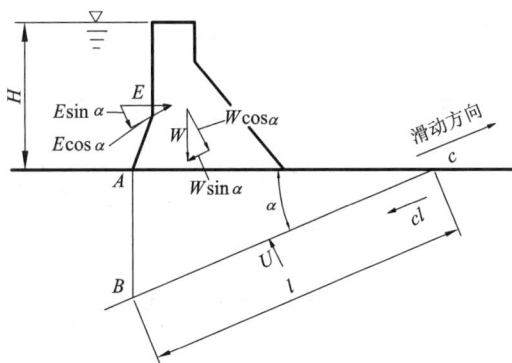

图 4-2　坝体深层单滑面滑动示意图

(1) 联合滑动体重力：W

(2) 水体对坝体侧压力：

$$E = \frac{1}{2}\gamma H^2 \tan^2\left(45° - \frac{\varphi}{2}\right)$$

(3) 岩基对联合滑动体(滑动面 BC)浮托力：U

(4) 岩基与联合滑动体摩擦力：

$$R = c \times l + \sigma \cdot \tan\varphi$$

因此，联合滑动体沿 BC 面滑动的稳定性安全系数为：

抗滑力：$\qquad R = c \cdot l + (E\sin\alpha + W\cos\alpha - U)\tan\varphi$

致滑力：$\qquad T = E\cos\alpha - W\sin\alpha$

安全系数：

$$F_s = \frac{R}{T} = \frac{c \cdot l + (E\sin\alpha + W\cos\alpha - U)\tan\varphi}{E\cos\alpha - W\sin\alpha} \qquad (4-2)$$

式中：c——滑动面 BC 的凝聚力；

　　　φ——滑动面 BC 的内摩擦角。

2. 滑动面倾向下游

如图 4-3 所示，如果坝体不会沿岩基表面 AC 滑动，而是沿岩基内倾向下游的软弱结构面 AB 滑动，则必有另一出露（窿起）滑动面 BC，即坝体与岩基内深层滑体 ABC 一起向下游滑动，则可将坝体与深层滑体 ABC 视为一个联合滑动体，这时，必须验算岩基两个滑动面 AB、BC 共同组成的滑移体 ABC 的抗滑安全系数。由于 BC 可能有多种滑动位置和倾角，因此，必须计算每一个可能 BC 面的 F_s，以确定 F_s 最小时对应的最危险滑动面。

由于 AB 面为主动滑动面，BC 面为被动滑动面（抗滑面），故坝体与 ABD 一起构成的滑动体称为"滑移体"，BCD 称为"抗滑体"。

设坝体与 ABD 共同构成的滑移体的重力为 W_1、抗滑体 BCD 的重力为 W_2、滑移体对抗滑体的推力为 P、倾角为 α，取单位长度滑移体和抗滑体分析，其受力如图 4-4 所示。

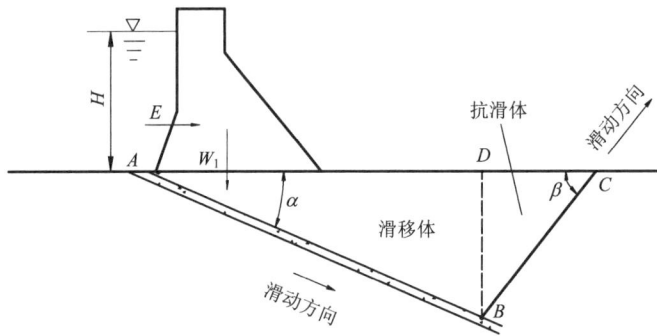

图 4-3　坝体深层双滑面滑动示意图

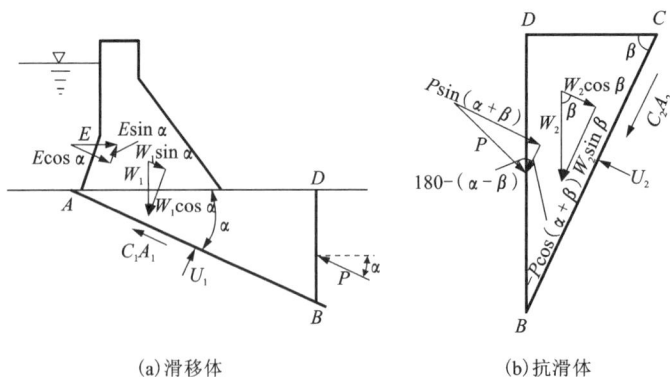

(a)滑移体　　　　　　　　(b)抗滑体

图 4-4　坝体深层双滑面滑动受力分析图

(a)滑移体；(b)抗滑体

(1)抗滑体极限平衡法求抗滑安全系数

用"抗滑体极限平衡法"计算岩基的抗滑安全系数，就是通过"抗滑体的极限平衡状态即

$F_{s_2} = 1$"首先求出抗滑体与滑移体之间的相互推力 P，然后再根据滑移体的受力状态来计算其抗滑安全系数 F_{s_1}。

① 由抗滑体的极限平衡状态 $F_{s_2} = 1$ 求推力 P

由图 4 – 4(b)抗滑体 BCD 的受力分析可知：

抗滑力：
$$R = c_2A_2 + [Psin(\alpha + \beta) + W_2cos\beta - U_2] \cdot f_2$$

致滑力：
$$T = Pcos(\alpha + \beta) - W_2sin\beta$$

安全系数：

$$F_{s_2} = \frac{R}{T} = \frac{c_2A_2 + [Psin(\alpha + \beta) + W_2cos\beta - U_2] \times f_2}{Pcos(\alpha + \beta) - W_2sin\beta} \qquad (4-3)$$

由 $F_{s_2} = 1$，解得：

$$P = \frac{c_2A_2 + W_2sin\beta + (W_2cos\beta - U_2) \cdot f_2}{cos(\alpha + \beta) - f_2sin(\alpha + \beta)} \qquad (4-4)$$

式中：c_2——滑移面 BC 的凝聚力；

f_2——滑移面 BC 的摩擦系数，$f_2 = tan\varphi_2$；

W_2——抗滑体 BCD 的重力(包括 DC 面上的外载荷)；

U_2——滑移面 BC 上的浮托力；

A_2——滑移面 BC 上的面积，$A_2 = BC \times 1$；

α、β——滑移面 AB、BC 与水平面的夹角；

P——滑移体 ABD 与抗滑体 BCD 间的相互推力。

② 计算滑移体的抗滑安全系数

由图 4 – 4(a)坝体与 ABD 共同构成的滑移体的受力分析可知：

抗滑力：
$$R = c_1A_1 + P + (W_1cos\alpha - Esin\alpha - U_1) \times f_1$$

致滑力：
$$T = W_1sin\alpha + Ecos\alpha$$

安全系数：

$$F_{s_1} = \frac{R}{T} = \frac{c_1A_1 + P + (W_1cos\alpha - Esin\alpha - U_1) \times f_1}{Ecos\alpha + W_1sin\alpha} \qquad (4-5)$$

式中：c_1——滑移面 AB 的凝聚力；

f_1——滑移面 AB 的摩擦系数，$f_1 = tan\varphi_1$；

U_1——滑移面 AB 的浮托力；

A_1——滑移面 AB 的面积，$A_1 = AB \times 1$；

W_1——坝体与 ABD 共同构成的滑移体的重量和。

(2)等 F_s 法求抗滑安全系数

"抗滑体极限平衡法"的基本观点是：$F_{s_2} = 1 \Rightarrow P \Rightarrow F_{s_1}$，可见，必然导致 $F_{s_1} \neq F_{s_2}$，即 $F_{s_1} > 1$，$F_{s_2} = 1$，而"等 F_s 法"则认为 $F_{s_1} = F_{s_2}$。

① 由图 4 – 4(a)滑移体受力分析可知：

$$F_s = F_{s_1} = \frac{c_1A_1 + P + (W_1cos\alpha - Esin\alpha - U_1) \times f_1}{W_1sin\alpha + Ecos\alpha} \qquad (4-6)$$

② 由图 4 – 4(b)抗滑体 BCD 受力分析可知：

$$F_s = F_{s_2} = \frac{c_2A_2 + [Psin(\alpha + \beta) + W_2cos\beta - U_2] \times f_2}{Pcos(\alpha + \beta) - W_2sin\beta} \qquad (4-7)$$

联立式(4-6)、(4-7)，即可求得 F_s 和 P。实际计算中用迭代法求解，即假定 F_{s2}，代入式(4-7)求得 P，再代入式(4-6)求得 F_{s1}，若 $F_{s2} \neq F_{s1}$，则继续迭代；若 $F_{s2} \approx F_{s1}$，则得 F_s。

(3)不平衡推力法

基本观点：若滑移体不能处于平衡状态($F_s < 1$)，亦即沿 AB 面滑动，则其下滑力 P 将传给抗滑体 BCD 并成为抗滑体的推力，该推力 P 称为"不平衡推力"。

由不平衡推力概念，P 等于滑面 AB 上的致滑力与抗滑力之差值，即：

$$P = \left[W_1 \sin\alpha + E\cos\alpha \right] - \left[c_1 A_1 + (W_1 \cos\alpha + E\sin\alpha - U_1) \times f_2 \right] \tag{4-8}$$

则抗滑体 BCD 的抗滑安全系数：

$$F_{s2} = \frac{R}{T} = \frac{c_2 A_2 + \left[P\sin(\alpha+\beta) + W_2 \cos\beta - U_2 \right] \times f_2}{P\cos(\alpha+\beta) - W_2 \sin\beta} \tag{4-9}$$

由此，可求得抗滑体 BCD 的抗滑安全系数 F_{s2}。若 $F_{s2} = 1$，极限平衡；若 $F_{s2} < 1$，不稳定。

4.2　岩坡抗滑稳定性分析

4.2.1　岩坡沿单平面滑动稳定性计算

(1)岩坡沿单平面滑动的几何条件

①滑动面走向与坡面平行或近似平行($\pm 20°$)；

②滑动面倾角 β 大于滑动面内摩擦角 φ 而小于坡面角 α，即 $\varphi < \beta < \alpha$；

③滑体两侧有结构面，它们对滑体侧向阻力很小，可忽略不计。

(2)单平面滑动的假设条件

①滑动面和坡顶张裂隙的走向均与坡面走向平行；

②坡顶张裂隙是垂直的，深度 Z，充水深度 Z_w；

③水在张裂隙底部沿滑动面向下渗透，并在坡脚出露，故滑动面的水压分布为：从坡脚到张裂缝底按由 0→最大的三角形分布；

④滑体自重 W、滑面上的静水压力(浮托力)U、张裂隙中的静水压力 V 均作用在滑体重(形)心，即滑体中没有使滑体产生转动的力矩，滑体不产生转动，仅沿滑面刚体滑动；

⑤滑体受爆破地震作用产生的附加力仅等效于水平推力 P，且作用于滑体重心；

⑥滑面的抗剪强度遵循库仑定律，即 $\tau = c + \sigma \cdot \tan\varphi$；

⑦受力分析的研究对象为单位长度的滑体切片。

(3)单平面滑动稳定性计算

单平面滑动的滑体受力分析如图4-5所示。

抗滑力：　　　　　$R = c \cdot l + (W\cos\beta - V\sin\beta - P\sin\beta - U) \cdot \tan\varphi$

致滑力：　　　　　$T = W\sin\beta + V\cos\beta + P\cos\beta$

安全系数：

$$F_s = \frac{c \cdot l + (W\cos\beta - V\sin\beta - P\sin\beta - U) \cdot \tan\varphi}{W\sin\beta + V\cos\beta + P\cos\beta} \tag{4-10}$$

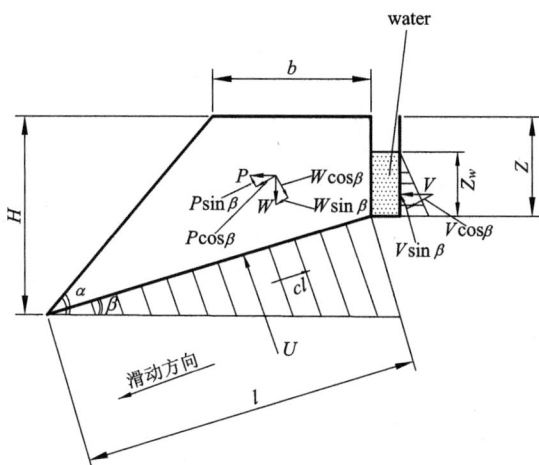

图 4 - 5　岩坡沿单平面滑动受力分析图

式中：W——滑体自重，张裂隙位于坡顶：$W = \dfrac{1}{2}\gamma H^2 \left[\left(1 - \left(\dfrac{Z}{H}\right)^2\right) \cot\beta - \cot\alpha \right]$

张裂隙位于坡面：$W = \dfrac{1}{2}\gamma H^2 \left[\left(1 - \left(\dfrac{Z}{H}\right)^2\right) \cot\beta(\cot\beta - \cot\alpha - 1) \right]$

U——滑面静水浮托力，$U = \dfrac{1}{2}\gamma_w \cdot Z_w \cdot l$

V——张裂隙静水推力，$V = \dfrac{1}{2}\gamma_w \cdot Z_w^2$

l——滑面长度（单位宽度的面积），$l = \dfrac{H - Z}{\sin\beta}$。

（4）最不利的滑面倾角 β 和张裂隙的位置 b

若岩坡为一无张裂隙干坡且不计爆破地震影响，即 $U = V = P = 0$ 时，则

$$F_s = \frac{c \cdot \dfrac{H - Z}{\sin\beta} + W\cos\beta \cdot \tan\varphi}{W\sin\beta} \qquad (4 - 11)$$

在 $F_s = 1$ 条件下，$c = \dfrac{W \cdot \sin\beta - W\cos\beta \cdot \tan\varphi}{\dfrac{H - Z}{\sin\beta}}$，即

$$c = \frac{\gamma H}{2}\left[\left(1 + \frac{\tan\varphi}{\tan\alpha}\right)\frac{\sin 2\beta}{2} - \cos\beta \cdot \tan\varphi - \sin^2\beta \cdot \cot\alpha \right] \qquad (4 - 12)$$

由此可见，为维持边坡极限平衡，需调用的凝聚力 c 是滑面倾角 β 的函数。

为求其极值，令 $\dfrac{dc}{d\beta} = 0$，得 $\beta = \dfrac{\alpha + \varphi}{2}$。

可见：① 给定 α，且当 $\beta = \dfrac{\alpha + \varphi}{2}$ 时，滑面最不稳定；

② 给定 $\beta = \dfrac{\alpha + \varphi}{2}$，且当 $\alpha = 2\beta - \varphi$ 时，岩坡最不稳定。

若将 c 的表达式变换为：

$$c = \frac{\gamma H}{2} \left[\frac{\cot\beta - \cot\alpha - (\frac{Z}{H})^2 \cot\beta}{1 - (\frac{Z}{H})} \sin\beta (\sin\beta - \cos\beta \cdot \tan\beta) \right] \tag{4-13}$$

并令 $\dfrac{\mathrm{d}c}{\mathrm{d}(\frac{Z}{H})} = 0$，得 $\dfrac{Z}{H} = 1 - (\cot\alpha \cdot \tan\beta)^{\frac{1}{2}} = 1 - \sqrt{\tan\beta/\tan\alpha}$

即求得最不利的裂隙位置 b 为：$b = (H - Z)\cot\beta - H \cdot \cot\alpha$，或

$$b = H\sqrt{\cot\alpha \cdot \cot\beta} - H \cdot \cot\alpha = H(\sqrt{\cot\alpha \cdot \cot\beta} - \cot\alpha)$$

（5）边坡的几何要素、裂隙水深、抗剪强度对安全系数的影响分析

将 F_s 整理为无量纲形式（假定 $P = 0$），则：

$$F_s = \frac{(2c/\gamma H) \cdot T + [Q \cdot \cot\beta - R(T + S)] \tan\varphi}{Q + R \cdot S \cdot \cot\beta} \tag{4-14}$$

式中：$T = \dfrac{1 - Z/H}{\sin\beta}$，$R = \dfrac{\gamma_w}{\gamma} \times \dfrac{Z_w}{Z} \times \dfrac{Z}{H}$，$S = \dfrac{Z_w}{Z} \cdot \dfrac{Z}{H} \cdot \sin\beta$

Q——裂缝在坡顶时，$Q = \left\{ \left[1 - (\dfrac{Z}{H})^2 \right] \cot\beta - \cot\alpha \right\} \sin\beta$

裂缝在坡面时，$Q = \left[1 - (\dfrac{Z}{H})^2 \right] \cos\beta \cdot (\cot\beta \cdot \tan\alpha - 1)$

由此可见，F_s 只取决于边坡的几何要素（α，β）而与边坡尺寸（H、b、Z_w）无关；当 $c = 0$ 时，$F_s = \dfrac{[Q \times \cot\beta - R(T + S)] \tan\varphi}{Q + RS\cot\beta}$，$F_s$ 也与边坡几何尺寸无关。换言之，块体是否滑塌，与几何要素的比例直接相关，而实际尺寸的大小不是主要因素，即不会因为块体尺寸大就一定更容易滑塌，尺寸小就一定更不会滑塌。

4.2.2 岩坡沿双平面滑动稳定性计算

如图 4-6 所示，岩坡内有两条相交的结构面（潜滑面）AB、BC 使岩坡形成了潜在滑动体。

由 B 点作垂线交岩坡面于 D，且设上滑动面 BC 倾角 $\alpha_1 > \varphi_1$、$c_1 = 0$，则岩块体 BCD 有下滑趋势，并通过接触面 BD 将力传递给下面的岩块体 ABD，称上面的岩块体 BCD 为主动滑体。

又设下滑动面 AB 倾角 $\alpha_2 > \varphi_2$，按受力分析，若该滑体自身是不会滑动的，但因受到主动滑体 BCD 传来的力，使之也可能滑动，称下面的岩块体 ABD 为被动滑体。为使被动滑块体保持平衡，必须对其施加支撑力 F，并设 F 与水平线成 θ 角。

设岩坡为干坡，即 $U_1 = U_2 = 0$，对其受力分析，得到极限平衡状态（$F_{s_1} = F_{s_2} = 1$）时，所需施加的支撑力 F 为：

$$F = \frac{W_1 \sin(\alpha_1 - \varphi_1) \cos(\alpha_2 - \varphi_2 - \varphi_3) + W_2 \sin(\alpha_2 - \varphi_2) \cos(\alpha_1 - \varphi_1 - \varphi_3)}{\cos(\alpha_2 - \varphi_2 + \theta) \cos(\alpha_1 - \varphi_1 - \varphi_3)} \tag{4-15}$$

假设 $\varphi_1 = \varphi_2 = \varphi_3 = \varphi$，则

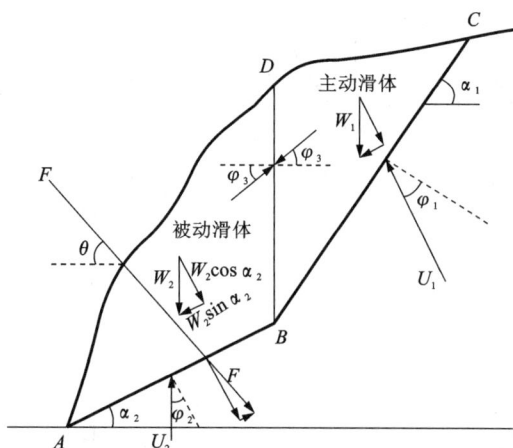

图 4-6　岩坡沿双平面滑动受力分析图

$$F = \frac{W_1\sin(\alpha_1-\varphi)\cos(\alpha_2-2\varphi) + W_2\sin(\alpha_2-\varphi)\cos(\alpha_1-2\varphi)}{\cos(\alpha_2-\varphi+\theta)\cos(\alpha_1-2\varphi)} \qquad (4-16)$$

若已知 F、W_1、W_2、α_1、α_2，则可用下述方法求 F_s：

首先用上式求极限平衡状态时的 φ；

然后将岩体结构面上设计采用的 φ' 与之比较；

最后用下式求安全系数：

$$F_s = \frac{\tan\varphi'}{\tan\varphi} \qquad (4-17)$$

式中：φ'——采用值；

　　φ——需要值，若 $\varphi < \varphi_0$（滑动面固有的内摩擦角），则 $F_s \geqslant 1$。

4.2.3　力的图解法岩坡稳定性计算

两个及两个以上的多平面滑动或其他形式的折线和不规则滑动，都可遵照极限平衡条件，应用力多边形法——条分图解法来分析潜滑体的稳定性。

如图 4-7 所示，设 ABC 为一潜滑体（面），用垂线将其划分为若干分条（$i=1, 2, \cdots, n$）。对每一分条均考虑相邻分条的反作用力，并绘制每一分条的力多边形及潜滑体所有分条的力的多边形。

以第 i 分条为例，进行受力分析图 4-7(b)，该分条上作用着下列各力：

W_i——第 i 分条的重力；

R_i——第 i 分条的底部综合反力；

U_i——第 i 分条的底部浮托力；

$c \cdot l_i$——第 i 分条的底部凝聚力；

E_{i-1}——第 $i-1$ 分条对第 i 分条的综合反作用力（推力），可分解为：

R_{i-1}——第 $i-1$ 分条对第 i 分条的推力；

$c \cdot l_{i-1}$——第 $i-1$ 分条对第 i 分条的垂直界面间的凝聚力；

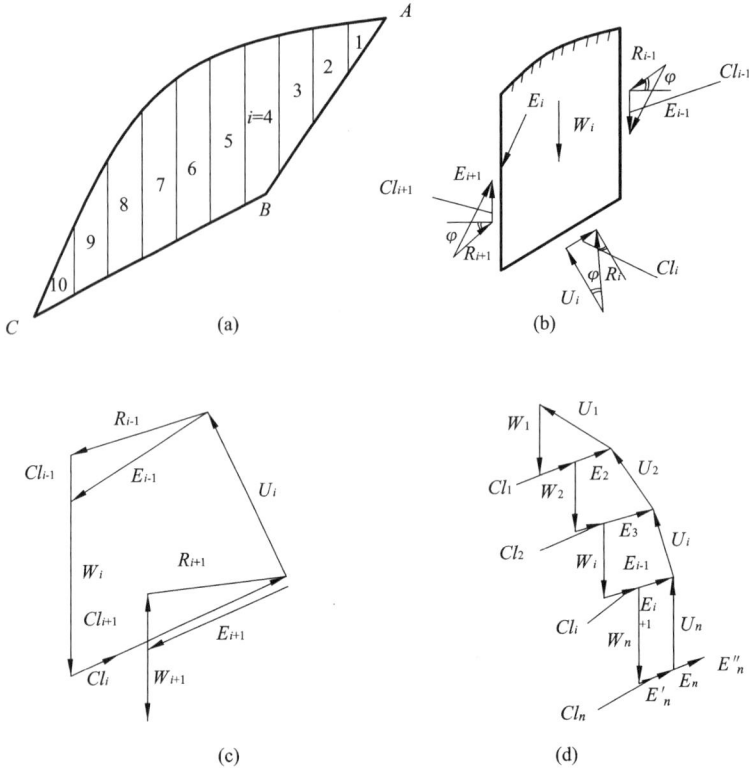

图 4 – 7　力的图解法岩坡稳定性分析图

E_{i+1}——第 $i+1$ 分条对第 i 分条的综合反作用力(抗力),可分解为:

R_{i+1}——第 $i+1$ 分条对第 i 分条的抗力;

$c \cdot l_{i+1}$——第 $i+1$ 分条与第 i 分条的垂直界面间的凝聚力。

据上述受力分析,绘制第 i 分条的力的多边形图 4 – 1(c)。

若将潜滑体内所有分条的力的多边形绘制在同一力图 4 –7(d)上,则有:

①刚好闭合:E_n 位置,说明潜滑体正好处于极限平衡状态,即 $F_s = 1$;

②不能闭合:$E_n{'}$ 位置,说明潜滑体不稳定(底部凝聚力不够),即 $F_s < 1$;

$E_n{''}$ 位置,说明潜滑体稳定(底部有足够凝聚力),即 $F_s > 1$。

用图解法(力多边形法)进行岩坡稳定性分析,只能知道岩坡是稳定(E_n、$E_n{''}$)或不稳定($E_n{'}$),而不能求出 F_s,为求得 F_s,需进行多次试算。试算方法如下:

首先假定 $F_s^{(1)}$,得到 $c^{(1)}$、$\varphi^{(1)}$:$c^{(1)}$,$\tan\varphi^{(1)} = \dfrac{\tan\varphi}{F_s^{(1)}}$;

然后用 $c^{(1)}$、$\varphi^{(1)}$,再进行上述图解验算,结果有两种:

① 若力多边形正好闭合,则 $F_s^{(1)}$ 就是 F_s;

② 若力多边形不能闭合,则需重新假定 $F_s^{(2)}$,$F_s^{(3)}$,…,用 $c^{(2)}$、$\varphi^{(2)}$、$c^{(3)}$、$\varphi^{(3)}$,…,进行作图,直到闭合为止,闭合时的 $F_s^{(j)}$,便是欲求的 F_s。

若岩坡内有静水压力、地震力及其他力,也可在图解中将它们包括进去,进行力图的求解。

4.2.4　力的迭代法岩坡稳定性计算

如图 4 - 8 所示，当岩坡的坡角 $\alpha < 45°$ 并用垂线将潜滑体分条时，可作如下近似假定：分条边界上反力的方向与其下一分条的底面滑动线方向一致，即 $E_{i-1} /\!/ AB$、$E_i /\!/ AM$。并设第 i 分条的底面滑动线与第 $i+1$ 分条的底面滑动线相差 $\Delta\theta_i$ 角度，即 $\Delta\theta_i = \theta_i - \theta_{i+1}$，则分条之间边界上的反力，可用下式计算：

$$E_i = \frac{W_i(\sin\theta_i - \cos\theta_i \cdot \tan\varphi) - c \cdot l_i + E_{i-1}}{\cos\Delta\theta_i + \sin\Delta\theta_i \cdot \tan\varphi}$$

$$(4 - 18)$$

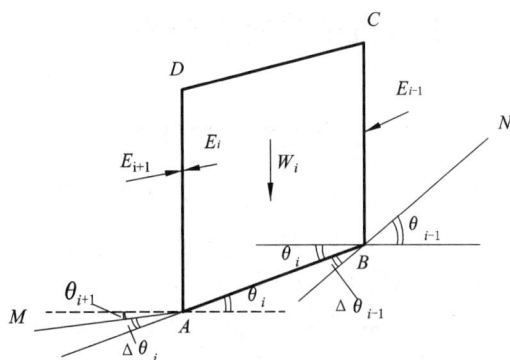

图 4 - 8　力的迭代法岩坡稳定性分析

式中：l_i——第 i 分条底面滑动线长度

当 $\Delta\theta_i \to 0$（很小，趋近于 0）时，分母 $(\cos\Delta\theta_i + \sin\Delta\theta_i \times \tan\varphi) \to 1$；

当 $\Delta\theta_i = 5°$ 且 $\varphi = 20°$ 时，分母 $= 1.028$，其倒数为 0.973；若分母取 1，则反力误差 $< 3\%$。

因此，将式（4 - 18）的分母取 1，解此迭代方程，求得所有分条上的反力 E_i：

$E_1 = W_1(\sin\theta_1 - \cos\theta_1 \cdot \tan\varphi) - c \cdot l_1$

$E_2 = W_2(\sin\theta_2 - \cos\theta_2 \cdot \tan\varphi) - c \cdot l_2 + E_1$

$E_3 = W_3(\sin\theta_3 - \cos\theta_3 \cdot \tan\varphi) - c \cdot l_3 + E_2$

…

$E_n = W_n(\sin\theta_n - \cos\theta_n \cdot \tan\varphi) - c \cdot l_n + E_{n-1}$

计算时，先算 E_1，再算 E_2、E_3、…，直至计算到 E_n。

若 $E_n = 0$ 或 $\sum_1^n W_i(\sin\theta_i - \cos\theta_i \cdot \tan\varphi) - c \cdot \sum_1^n l_i = 0$，表明岩坡处于极限平衡 $F_s = 1$；

若 $E_n > 0$ 或 $\sum_1^n W_i(\sin\theta_i - \cos\theta_i \times \tan\varphi) > c \times \sum_1^n l_i$，说明重力 > 凝聚力（即凝聚力不足），岩坡不稳定；

若 $E_n < 0$ 或 $\sum_1^n W_i(\sin\theta_i - \cos\theta_i \times \tan\varphi) < c \times \sum_1^n l_i$，说明重力 < 凝聚力（即凝聚力足够），岩坡稳定。

同样地，用力的迭代法进行岩坡稳定性分析，只知道岩坡是稳定（$E_n < 0$）或不稳定（$E_n > 0$）或极限平衡（$E_n = 0 \Rightarrow F_s = 1$），而不能直接求出安全系数 F_s。为求得 F_s，用类似图解法求 F_s 方法求得。

用力的迭代法进行岩坡稳定性分析，滑动面一般应为平缓的曲线或折线。

4.3 土坡抗滑稳定性分析

4.3.1 黏性土土坡稳定性计算

图 4-9 所示黏性土($c\neq0$)土坡沿滑面 AB 产生平面滑动时，共受两个力作用：一是重力 W，二是滑面 AB 的抗剪力 $c\cdot l+\sigma\tan\varphi$。

黏性土土坡滑动的稳定性安全系数为：

抗滑力：$R=c\cdot l+W\cos\beta\cdot\tan\varphi$

致滑力：$T=W\sin\beta$

安全系数 $F_s=\dfrac{R}{T}=\dfrac{c\cdot l+W\cos\beta\cdot\tan\varphi}{W\sin\beta}$ (4-19)

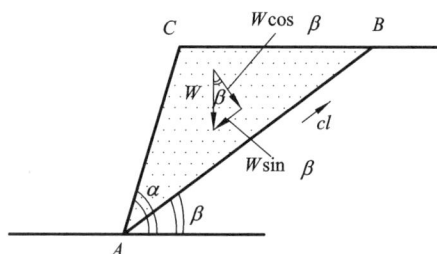

图 4-9 黏性土土坡稳定性分析

4.3.2 无黏性土土坡稳定性计算

无黏性土($c=0$)土坡的坡面角等于整体的自然安息角，土体颗粒滑动/滚动也是沿着表面层的"整体"滑动，只要坡面上的土粒能保持稳定，整个土坡便是稳定的。

（1）无渗流土坡稳定性计算

$c=0$ 的无渗流土坡主要是均质干燥无黏性土粒构成的土坡，主要受土粒或单元自重作用而滑动，其受力分析如图 4-10(a)所示。

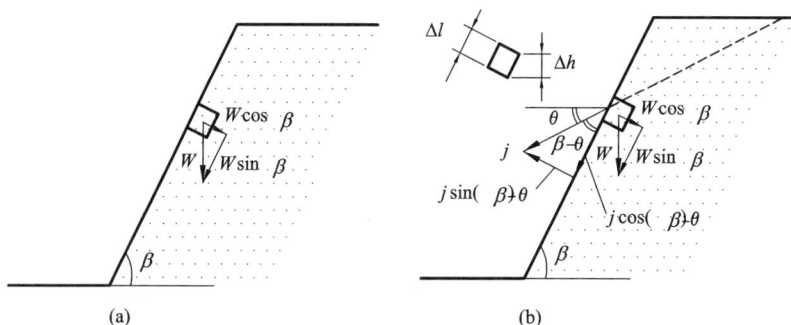

图 4-10 无黏性土土坡稳定性分析

（a）$c=0$ 的无渗流土坡受力分析；（b）$c=0$ 的有渗流土坡受力分析

$c=0$ 的无渗流土坡中土粒或单元沿表面滑动的稳定性安全系数为：

抗滑力：$\qquad\qquad R=W\cos\beta\cdot\tan\varphi$

致滑力：$\qquad\qquad T=W\sin\beta$

安全系数：

$$F_s=\frac{R}{T}=\tan\varphi/\tan\beta \qquad\qquad (4-20)$$

由式(4-20)可知：土粒或单元是否稳定，完全取决于土坡的坡角 β：

若 $\beta = \varphi$（土坡内摩擦角），则 $F_s = 1$，土坡处于极限平衡；

若 $\beta < \varphi$，则 $F_s > 1$，土坡稳定；

若 $\beta > \varphi$，则 $F_s < 1$，土坡不稳定；

（2）渗流土坡稳定性计算

在 $c = 0$ 的渗流土坡中，土粒或单元不仅受其自身重力 W 作用，而且受到沿渗流逸出方向的渗透力 $j = \gamma_w \cdot i$（i 为水力坡度）的作用，其受力分析如图 4 - 10（b）所示。

$c = 0$ 的渗流土坡中土粒或单元沿表面滑动的稳定性安全系数为：

抗滑力：$\qquad\qquad R = \left[W\cos\beta - j \cdot \sin(\beta - \theta) \right] \cdot \tan\varphi$

致滑力：$\qquad\qquad T = W\sin\beta + j\sin(\beta - \theta)$

安全系数：

$$F_s = \frac{R}{T} = \frac{\left[W\cos\beta - j \times \sin(\beta - \theta) \right] \times \tan\varphi}{W\sin\beta + j \times \cos(\beta - \theta)} \qquad (4 - 21)$$

式中：$W = \gamma' \cdot V$，γ' 为土粒浮容重，$\gamma' = \dfrac{W_s - \gamma_w \cdot V_s}{V}$

当渗流方向为顺坡流出即 $\theta = \beta$，且 $i = \dfrac{\Delta h}{\Delta l} = \sin\beta$ 时：

$$F_s = \frac{\gamma' \cdot V \cdot \cos\beta \cdot \tan\varphi}{\gamma' \cdot V \cdot \sin\beta + \gamma_w \cdot \sin\beta \cdot V} = \frac{\gamma' \cdot \tan\varphi}{(\gamma' + \gamma_w) \cdot \tan\beta} = \frac{\gamma'}{\gamma' + \gamma_w} \times (F_s)_{\text{无渗流}} \qquad (4 - 22)$$

由于 $\dfrac{\gamma'}{\gamma' + \gamma_w} < 1$，说明 $\dfrac{\gamma' \cdot \tan\varphi}{(\gamma' + \gamma_w) \cdot \tan\beta} < \dfrac{\tan\varphi}{\tan\beta}$，即渗流降低了安全系数 F_s。

本章习题

1. 简述岩基（水工坝体）失稳有哪些形式。

2. 试进行岩基沿表层滑动稳定性安全系数计算。

3. 简述岩坡沿单一平面滑动的几何条件和假设条件。

4. 试对岩坡沿单平面滑动的滑体进行受力分析。

5. 试进行岩坡沿单平面滑动稳定性安全系数计算。

6. 试分析岩坡沿单平面滑动时的最不利滑面倾角和张裂隙位置。

7. 试进行岩坡沿双平面滑动稳定性安全系数计算。

8. 简述条分法边坡稳定性分析计算的基本思想。

9. 力图法与迭代法边坡稳定性计算有何本质区别？

10. 试进行黏性土土坡滑动的稳定性安全系数计算。

11. 简述黏性土坡和无黏性土坡稳定性计算的区别。

12. 举例你所见过的平面滑坡，并分析导致其滑塌的因素、计算其安全系数。

13. 欲沿一峡谷开挖一条公路，峡谷走向东西、岩层倾向南，问这条公路应建在南岸还是北岸？为什么？

14. 有一边坡倾向正南，倾角 60°，坡中有两组地质间断：一组倾向 225°，倾角 45°；另一组倾向 315°，倾角 50°。试问此坡是否滑塌？

15. 下图所示边坡，坡高 H、坡面角 α，坡内有一倾角 β 的结构面穿过，坡顶有一距坡顶

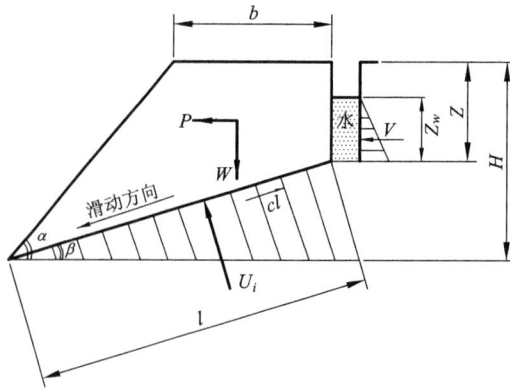

线 $b(b>0)$、深 Z、水深 Z_w 的垂直张裂隙。岩体性质指标为：密度 γ、内聚力 C_j、内摩擦角 φ_j。结构面所受静水压力 U_i，并考虑爆破水平力 P 的影响。试用极限平衡分析法计算其安全系数。

要求：(1)进行受力分解(分解为沿滑面和垂直滑面)；

(2)求出滑体自重、滑面斜长、滑面静水浮力、裂隙静水推力的计算式。

第5章　楔体滑动稳定性分析

5.1　概述

沿一个软弱结构面或软夹层发生的滑坡称为平面滑动，这类滑体的滑动是沿倾斜（$\varphi < \beta < \alpha$）的层面发生的。由于滑体近似为棱柱体（三棱体或四棱体），因此，平面滑动的稳定性分析（破坏的可能性）可通过研究单位长度的滑体切片的稳定性加以讨论。

如果边坡岩体被两组相交的结构面切割成楔形体（四面体），则楔形体滑动既可沿某个倾斜结构面发生——平面滑动，也可沿两结构面的交线发生——楔体滑动。

（1）楔体滑动的几何条件

①两组相交结构面的交线（组合交线）的倾向与边坡倾向一致；

② 交线倾角 β_s 大于滑动面内摩擦角 φ 而小于坡面角 α，即 $\varphi < \beta_s < \alpha$；

③组合交线穿过坡顶和坡面。

（2）楔体滑动的研究步骤

①识别潜滑体——滑楔（极射赤平投影法、石根华关键块体法）；

②确定滑楔的空间形态及其几何尺寸；

③识别滑楔的充水情况及抗剪性能；

④滑楔稳定性分析——受力分析及安全系数计算。

5.2　楔体滑动稳定性计算

如图 5-1 所示楔形滑体 $ABCD$，设边坡上两相交结构面 J_1、J_2 的内摩擦角 φ_1、φ_2，凝聚力 c_1、c_2，面积 A、A_2，倾角 β_1、β_2，走向 ψ_1、ψ_2，浮托力 U_1、U_2；两结构面交线的倾角 β_s、走向 ψ；滑楔重力 W，W 在 J_1、J_2 滑动面上的法向分力 R_1、R_2；两结构面间的夹角 ξ，则：

楔体滑动的稳定性安全系数为：

抗滑力：$$R = c_1 A_1 + (R_1 - U_1)\tan\varphi_1 + c_2 A_2 + (R_2 - U_2)\tan\varphi_2$$

致滑力：$$T = W\sin\beta_s$$

安全系数：

$$F_s = \frac{c_1 A_1 + (R_1 - U_1)\tan\varphi_1 + c_2 A_2 + (R_2 - U_2)\tan\varphi_2}{W\sin\beta_s} \tag{5-1}$$

R_1、R_2 是滑楔重力 W 的分量 $W\cos\beta_s$ 在两滑面法向上的分力，R_1、R_2 可用平衡条件求得，即：

$$R_1\sin[180° - (\beta + \xi/2)] = R_2\sin(\beta - \xi/2)$$
$$R_1\cos[180° - (\beta + \xi/2)] + R_2\cos(\beta - \xi/2) = W\cos\beta_s$$

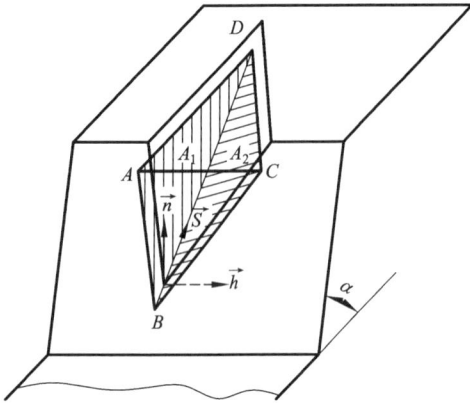

图 5-1 楔体滑动几何形状图

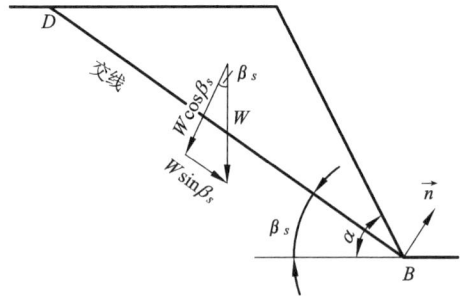

图 5-2 楔体滑动沿交线剖面图

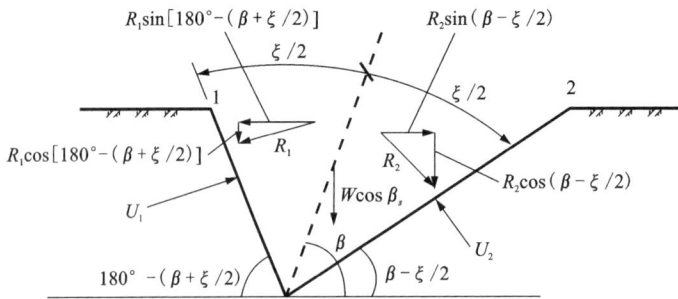

图 5-3 楔体滑动受力分析图

联立两式求解得：

$$R_1 = \frac{W\cos\beta_s \cdot \sin\left(\beta - \dfrac{\xi}{2}\right)}{\sin\left(\beta + \dfrac{\xi}{2}\right)\cos\left(\beta - \dfrac{\xi}{2}\right) - \cos\left(\beta + \dfrac{\xi}{2}\right)\sin\left(\beta - \dfrac{\xi}{2}\right)}$$

$$R_2 = \frac{W\cos\beta_s \cdot \sin\left(\beta + \dfrac{\xi}{2}\right)}{\sin\left(\beta + \dfrac{\xi}{2}\right)\cos\left(\beta - \dfrac{\xi}{2}\right) - \cos\left(\beta + \dfrac{\xi}{2}\right)\sin\left(\beta - \dfrac{\xi}{2}\right)}$$

式中：$\sin\xi = \sin\left(\beta + \dfrac{\xi}{2}\right)\cos\left(\beta - \dfrac{\xi}{2}\right) - \cos\left(\beta + \dfrac{\xi}{2}\right)\sin\left(\beta - \dfrac{\xi}{2}\right)$

由此可求得楔体滑动的稳定性安全系数 F_s。

① 若 $c_1 = c_2 = 0$（只考虑摩擦强度），$U_1 = U_2 = 0$（干坡）且 $\varphi_1 = \varphi_2$（岩性相同），则

$$F_s = \frac{(R_1 + R_2) \cdot \tan\varphi}{W\sin\beta_s}$$

$$= \left[\frac{W\cos\beta_s \cdot \sin\left(\beta - \dfrac{\xi}{2}\right)}{\sin\xi} + \frac{W\cos\beta_s \cdot \sin\left(\beta + \dfrac{\xi}{2}\right)}{\sin\xi}\right] \times \frac{\tan\varphi}{W\sin\beta_s}$$

$$= \frac{2 \cdot \sin\beta\cos\dfrac{\xi}{2}}{\sin\xi} \cdot \frac{\tan\varphi}{\tan\beta_s} = \frac{\sin\beta}{\sin\dfrac{\xi}{2}} \cdot \frac{\tan\varphi}{\tan\beta_s} \qquad (5-2)$$

设

$$K = \frac{\sin\beta}{\sin\dfrac{\xi}{2}}, \ 则 \ F_s = K \cdot \frac{\tan\varphi}{\tan\beta_s} \qquad (5-3)$$

K 值取决于两结构面的夹角 ξ（楔体夹角）和两结构面交线的歪斜角 β，取一系列 β、ξ 值得到相应的 K 值，绘于图 5－4 中可直接查找。

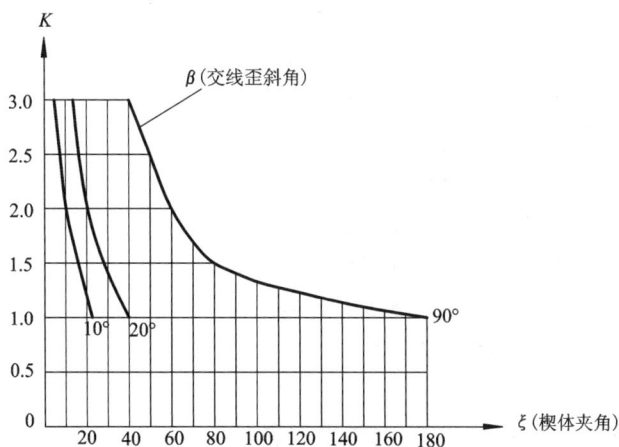

图 5－4　楔体夹角 ξ 与交线歪斜角 β 查值图

② 若考虑静水压力 P_w

如图 5－5 所示，假定坡顶面是倾斜的，且楔体滑动沿交线 5 发生，并规定滑面交线的上下端标高差为 H，楔体滑动的水压分布如图 5－6 所示，并假定楔体本身不透水，水仅从楔体顶部斜面交线 1、2 流入，再沿坡面交线 3、4 流出，最大水压沿交线 5 分布，交线 1、2、3、4 的水压均为 0，则由解析法推导的考虑静水压力 P_w 的楔体滑动的安全系数为：

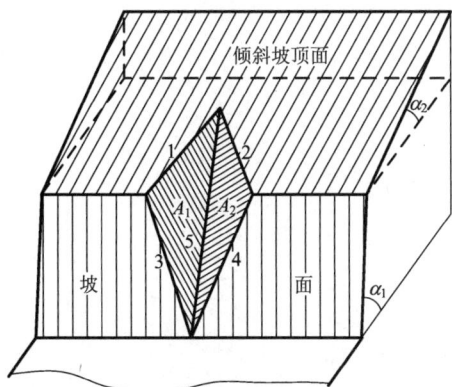

图 5－5　倾斜坡顶面楔形滑动体

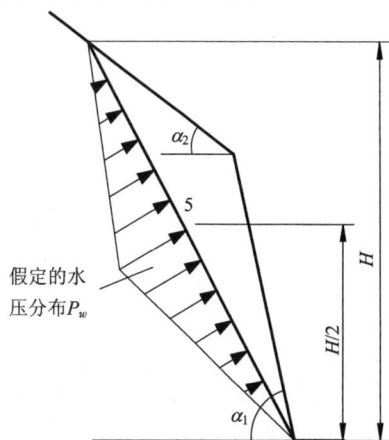

图 5－6　倾斜坡顶面楔形滑体水压分布

$$F_s = \frac{3}{\gamma H}(c_1 X + c_2 Y) + \left(A - \frac{\gamma_w}{2\gamma}X\right)\tan\varphi_1 + \left(B - \frac{\gamma_w}{2\gamma}Y\right)\tan\varphi_2 \qquad (5-4)$$

式中：X、Y、A、B——楔体几何参数；

$$X = \frac{\sin\theta_{4,2}}{\sin\theta_{2,5}\cos\theta_{4,n_1}};$$

$$Y = \frac{\sin\theta_{3,1}}{\sin\theta_{1,5}\cos\theta_{3,n_2}};$$

$$A = \frac{\cos\beta_1 - \cos\beta_2\cos\theta_{n_1,n_2}}{\sin\beta_s \cdot \sin^2\theta_{n_1,n_2}};$$

$$B = \frac{\cos\beta_2 - \cos\beta_1\cos\theta_{n_1,n_2}}{\sin\beta_s \cdot \sin^2\theta_{n_1,n_2}};$$

θ_{3,n_2}——交线 3 与平面 A_2 极点的角距；

θ_{4,n_1}——交线 4 与平面 A_1 极点的角距；

θ_{n_1,n_2}——平面 A_1、A_2 极点的角距；

$\theta_{4,2}$——A_2 平面边坡交线 4 与斜顶面交线 2 的夹角；

$\theta_{3,1}$——A_1 平面边坡交线 3 与斜顶面交线 1 的夹角；

$\theta_{2,5}$——A_2 平面斜顶面交线 2 与交线 5 的夹角；

$\theta_{1,5}$——A_1 平面斜顶面交线 1 与交线 5 的夹角。

本章习题

1. 简述楔体滑动的几何条件。
2. 简述楔体滑动的研究步骤。
3. 试对楔体滑动进行受力分析。
4. 试推导楔体滑动的安全系数计算公式。
5. 举例你所见过的楔体滑动，并分析导致其滑塌的因素，计算其安全系数。

第6章　圆弧滑动稳定性分析

6.1　概述

　　现场观测和调查资料表明：黏性土土坡及破碎、风化岩坡滑塌时，其滑面接近于一个圆弧面，故称圆弧滑动。

　　土坡圆弧滑动稳定性分析的方法很多，常用的主要有两种：瑞典圆弧法（Petterson，1915；W. Fellenius，1936）和毕肖普法（A. W. Bishop，1955）。其他有摩擦圆法和简布法（Janbu 法）。

　　圆弧滑动的假设条件：

　　① 平面应变问题，即可取单位厚度切片计算；

　　② 滑面为圆弧面，滑体为圆柱体；

　　③ 滑体滑动时作整体刚性移动。

　　由于圆弧滑动的滑面是圆弧面而非平面，因此，圆弧滑动稳定性安全系数计算采用的方法与平面滑动和楔体滑动不同，后两者主要采用力计算，而圆弧滑动主要采用力矩计算。

6.2　瑞典圆弧法

1. 瑞典圆弧法安全系数计算

　　如图 6-1 所示，圆弧滑动体 ABC 沿滑动面 $\overset{\frown}{AC}$ 弧滑动，滑面半径为 R，主要受两个力作用：一是圆弧滑体的重力 W，二是滑面 $\overset{\frown}{AC}$ 的抗剪力 τ_f。

　　由于圆弧滑动的滑面为圆弧面，阻抗力主要是沿 $\overset{\frown}{AC}$ 弧均匀分布的抗剪力 τ_f，因此，1915 年 Petterson 用滑体绕滑弧圆心剪力阻抗滑体旋滑力矩与滑体重量驱动滑体旋滑力矩之比，来描述该潜滑体的安全系数，即：

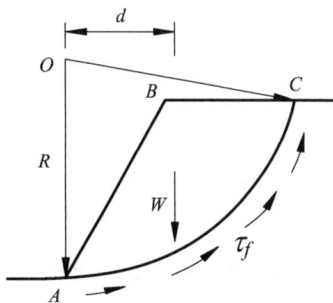

图 6-1　圆弧滑动稳定性分析示意图

　　抗滑力矩：　　$M_R = \tau_f \cdot \overset{\frown}{AC} \cdot R$

　　致滑力矩：　　$M_T = W \cdot d$

　　安全系数：

$$F_s = \frac{M_R}{M_T} = \frac{\tau_f \cdot \overset{\frown}{AC} \cdot R}{W \cdot d} \qquad (6-1)$$

　　由式（6-1）可知：安全系数 F_s 正比于抗剪力 τ_f，而 $\tau_f = c \cdot \overset{\frown}{AC} + \sigma \cdot \tan\varphi$，$\sigma$ 是滑体重力 W 的分量与滑面浮托力 U 的合力，由于滑体是圆柱形

土体,滑面为圆弧面,故 W 在 $\overset{\frown}{AC}$ 弧的不同点的法向分量是不同的,故若以 $\overset{\frown}{AC}$ 弧作为计算整体,σ 难以计算,亦即 τ_f 难以计算。

1936 年 Fellenius 首次提出用条分法来计算滑面上的正应力问题,即人为地将滑体划分为有限个(n 个)竖直分条(分条宽一般取 2~4 m),通过分析土条的受力来计算 τ_f。

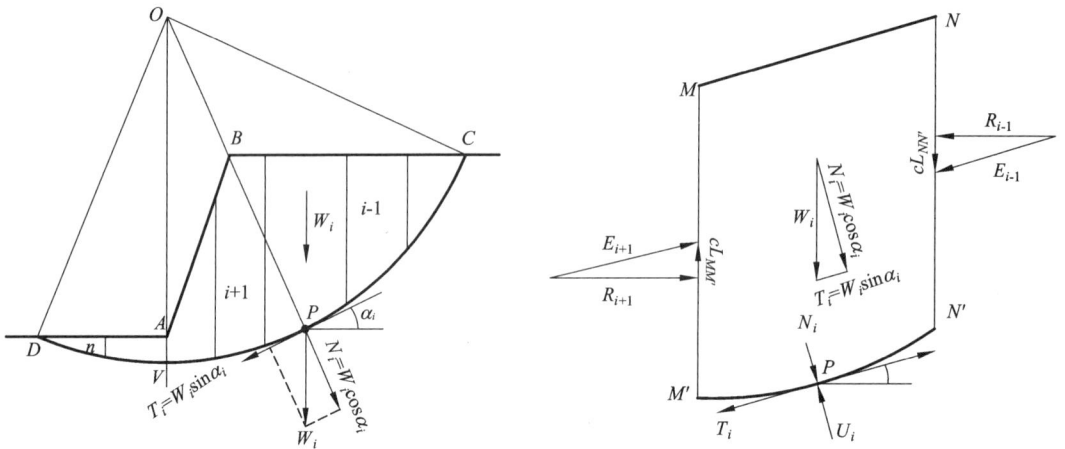

图 6-2 圆弧滑动受力分析

如图 6-2 所示,取第 i 个分条分析,其受力为:

① 土条自重 W_i

W_i 在其滑面中点 P 上的:法向分力为 $N_i = W_i \cos\alpha_i$

切向分力为 $T_i = W_i \sin\alpha_i$

式中:α_i——P 点处重垂线与滑面半径 OP 的夹角,即 P 点处圆弧切线与水平面夹角;

T_i——W_i 在滑面 P 点处的切向分量,也是导致土体滑动的致滑力;

当土条在 OV 垂线右侧时,T_i 取正(致滑);

当土条在 OV 垂线左侧时,T_i 取负(抗滑);

N_i——W_i 在滑面 P 点处的法向分量,通过滑面圆心,是决定滑面摩擦力大小的重要因素。

② 滑面上的抗滑力 τ_{fi}

τ_{fi} 作用于滑面 P 点并与滑弧相切,方向与滑动方向相反,按库仑公式:

$$\tau_{fi} = cl_i + (N_i - U_i) \cdot \tan\varphi$$

式中:l_i——第 i 个土条的弧长;

U_i——第 i 个土条所受的浮托力,当土坡为干坡时 $U_i = 0$。

③ 条间作用力 E_{i-1}、E_{i+1}

E_{i-1}、E_{i+1} 作用在土条两侧的内切面上(内力),它们分别是相应土条($i-1$,$i+1$)对第 i 个土条的推力或抗力(R_{i-1},R_{i+1})与凝聚力(cl_{i-1}、cl_{i+1})的合力。由于土条宽度很小且假定滑体滑动时作整体刚性移动,故忽略 E_{i-1}、E_{i+1} 对计算结果的影响,也即假定:E_{i-1}、E_{i+1} 大小相等、方向相反,且作用在同一直线上。

将上述各力对滑面圆心 O 取力矩，可得：

抗滑力矩： $M_R = \sum_1^n (\tau_{fi} \cdot R) = R \cdot \sum_1^n [cl_i + (N_i - U_i)\tan\varphi]$

致滑力矩： $M_T = \sum_1^n (T_i \cdot R) = R \cdot \sum_1^n T_i$

安全系数：

$$F_s = \frac{M_R}{M_T} = \frac{\sum_1^n [cl_i + (W_i\cos\alpha - U_i)\tan\varphi]}{\sum_1^n (W_i\sin\alpha_i)} \qquad (6-2)$$

若 $U_i = 0$，$\varphi = 0$，则

$$F_s = \frac{\sum_1^n [cl_i]}{\sum_1^n (W_i\sin\alpha_i)} \qquad (6-3)$$

2. 最危险滑面的确定

用式(6-2)、式(6-3)可以计算某一个试算滑面的安全系数 F_s，而稳定性分析必须确定 F_s 最小的滑面即最危险滑面，因此，在分析过程中需要假设一系列的滑面进行试算，其工作量显然很大。如何减少试算工作量并尽快确定最危险滑面？Fellenius 总结了两条经验。

(1)$\varphi = 0$ 的均质黏土，直线边坡的临界圆弧面一般通过坡脚(趾)，其圆心位置可用表 6-1 给出的 α_1、α_2 值用图解法确定，即 α_1、α_2 的交点 O 就是临界圆心的位置，如图 6-3 所示。

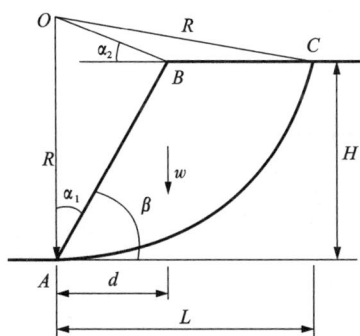

图 6-3 确定最危险圆弧滑面的图解法

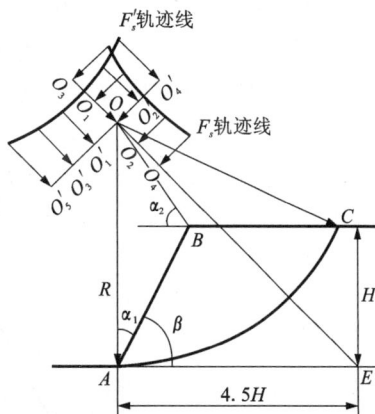

图 6-4 确定临界圆心位置的图解法

(2)$\varphi \neq 0$ 时，随 φ 角增大，其圆心位置将从 $\varphi = 0$ 的 O 点沿 EO 线的上方移动。EO 线可用于表示圆心的轨迹线，E 点的位置为：与坡脚 A 的水平距离 4.5H、与坡顶面的垂直距离 H，即在坡底面的延长线上距坡脚(趾)为 4.5 H 的点，如图 6-4 所示。

具体试算时，可先定出 O 点和 E 点，连 EO，再在 O 点以外选择适当的 O_1，O_2，O_3，O_4，…，作为可能的滑面圆心，从这些圆心作通过坡脚 A 的圆弧 C_1，C_2，C_3，C_4，…，计算其相应

的安全系数 F_{s1}，F_{s2}，F_{s3}，F_{s4}，…，并按比例画出 F_s 值的轨迹线，则最小的 F_s 所对应的圆心 O_c 就是临界圆心。

表 6-1 图解法确定圆弧滑动临界圆心位置的 α_1，α_2 值

$i = H/L$	坡角 β	α_1	α_2
1 : 0.5	63°26′	29°30′	40°00′
1 : 0.75	53°18′	29°00′	39°00′
1 : 1	45°00′	28°00′	27°00′
1 : 1.25	48°30′	27°00′	35°30′
1 : 1.5	33°47′	26°00′	35°00′
1 : 1.75	29°45′	26°00′	35°00′
1 : 2	26°34′	26°00′	35°00′
1 : 3	18°26′	18°00′	35°00′
1 : 5	11°19′	11°00′	37°00′

平面上确定某点的位置需要二维坐标 $(x，y)$，通过上述作图，确定了临界圆心在 EO 线上的位置，那么，在垂直 EO 线上是否有比其更小的 F_s 值呢？需要通过第二轮作图（试算）确定。

在 EO 线的 O_c 点处作垂直 EO 线的直线，同样选择适当的 O_1'，O_2'，…作为可能的临界滑面的圆心，作圆弧 C_1'，C_2'，…计算 F_{s1}'，F_{s2}'，…，并按比例画出 F_s' 值的轨迹线，得到最小 F_s' 所对应的临界圆心 O_c'。若 $F_s' < F_s$ 则说明 O_c' 才是真正的临界圆心，否则，O_c 便是临界圆心。

一般而言，O_c' 与 O_c 非常接近，故有文献不提第二轮试算要求。

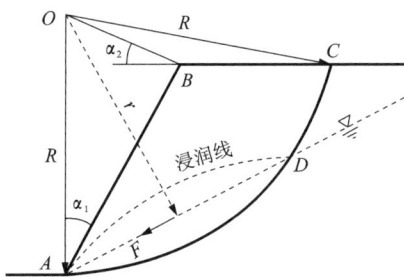

图 6-5 土坡有渗流时圆弧滑动稳定性分析

3. 土坡有渗流时的安全系数计算

图 6-5 所示，当土坡内有地下水的渗流作用时，渗流将对滑动土体产生透水压力 F，从而降低土坡的稳定性。

当土体内有渗流作用时，其安全系数 F_s 的计算应考虑如下问题：

①计算土体自重 W 时，浸润面（线）$\overset{\frown}{AD}$ 以上土体应取天然容重，以下土体应取浮容重；

②应计算动水压力 F 所产生的滑动力矩 $F \cdot r$(致滑力矩)。

动水压力 F 可用近似方法计算。即取直线 $\overline{AD}$ 的斜率作为渗流土体中水流的平均水力坡度 i_p，则动水压力 F:

$$F = i_p \cdot S_{\overline{AD\widehat{D}A}}$$

动水压力产生的滑动力矩为 $M_F = F \cdot r$，相应的安全系数为:

$$F_s = \frac{c'l_{\overline{AC}} + \sum_1^n (W_i\cos\alpha_i - U_i) \cdot \tan\varphi'}{\sum_1^n (W_i\sin\alpha_i) + F \cdot r} \tag{6-4}$$

土坡渗流，不仅动水压力降低了土坡稳定性，而且使黏土的抗剪强度大大降低。在渗流速度较大时，还可能带走土坡内的微粒，使土的孔隙增大，继而冲走较大土粒，以致形成一条穿过土坡的管状通道——管涌。土坡渗流还使土坡变形、沉陷甚至坍塌。

6.3　毕肖普法

瑞典圆弧法略去了条间力的作用，严格地说，它对每一分条的力的平衡是不满足的，对分条本身的力矩平衡也不满足，只满足整体滑动的力矩平衡条件。为此，毕肖普(Bishop，1955)提出了一个考虑条间力作用求算安全系数的方法，即毕肖普法。

① 土坡处于稳定状态时 $F_s>1$，分条 i 的滑弧面上的抗剪强度仅调用了其中的一部分，即尚有抗剪力盈余。

② 土坡处于极限平衡状态时 $F_s=1$，分条 i 的滑弧面上的抗剪力正好全部用完。

图 6-6 所示，当采用条分法分析圆弧滑动稳定性并考虑条间力作用时，第 i 分条的受力如下:

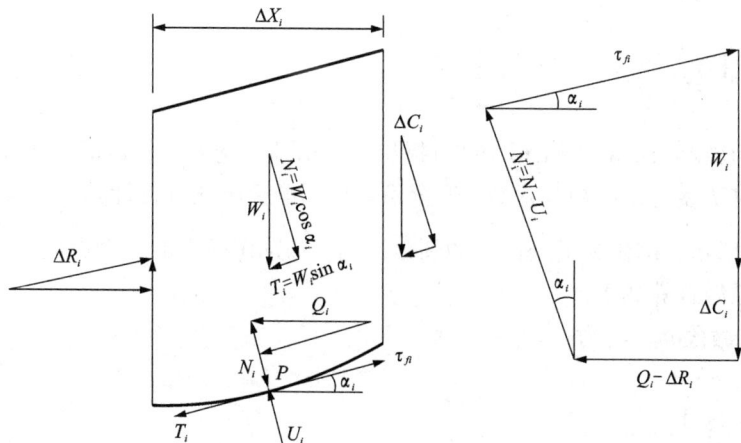

图 6-6　毕肖普法圆弧滑动受力分析

① 分条自重 W_i

法向分量:
$$N_i = W_i\cos\alpha_i$$

切向分量：$\qquad\qquad\qquad T_i = W_i\sin\alpha_i$

② 滑面抗剪力 τ_{fi}

$\tau_{fi} = c'_i\overline{l}_i + N'_i\tan\varphi'$，$N'_i$ 为有效法向分力 N_i 与浮托力 U_i 的合力即 $N'_i = N_i - U_i$

③ 条间作用力

法向力：$\qquad\qquad\qquad \Delta R_i = R_{i+1} - R_{i-1}$

切向力：$\qquad\qquad\qquad \Delta c_i = c'_i l_{i+1} - c'_i l_{i-1}$

合力：$\qquad\qquad\qquad \Delta E_i = E_{i+1} - E_{i-1}$

④ 地震力 Q_i

因此，第 i 分条的安全系数 F_{s_i} 为：

抗滑力：$\quad R = c'_i l_i + (N_i + \Delta R_i\sin\alpha_i + \Delta c_i\cos\alpha_i - Q_i\sin\alpha_i - U_i)\cdot\tan\varphi'_i$

致滑力：$\quad T = T_i - \Delta R_i\cos\alpha_i + \Delta c_i\sin\alpha_i + Q_i\cos\alpha_i$

安全系数：

$$F_{s_i} = \frac{R}{T} = \frac{c'_i l_i + (W_i\cos\alpha_i + \Delta R_i\sin\alpha_i + \Delta c_i\cos\alpha_i - Q_i\sin\alpha_i - U_i)\cdot\tan\varphi'_i}{W_i\sin\alpha_i - \Delta R_i\cos\alpha_i + \Delta c_i\sin\alpha_i + Q_i\cos\alpha_i} \qquad(6-5)$$

当滑动土体处于整体平衡时，条间力 ΔR_i、Δc_i 作为内力，必有 $\sum\Delta R_i = 0$，且 $\sum\Delta c_i = 0$，因此，滑体的总安全系数：

$$F_s = \frac{\sum[c'_i l_i + (W_i\cos\alpha_i - Q_i\sin\alpha_i - U_i)\cdot\tan\varphi'_i]}{\sum(W_i\sin\alpha_i + Q_i\cos\alpha_i)} \qquad(6-6)$$

式中：c'_i、φ'_i——有效应力意义下的滑面凝聚力和内摩擦角；

$l_i = \dfrac{\Delta X_i}{\cos\alpha_i}$；

$W_i \approx \gamma_i h_i\Delta X_i\times 1$；

$U_i = \gamma_i h_w l_i$；

$Q_i = \alpha W_i = \alpha\gamma_i h_i\Delta X_i$，$\alpha$ 为地震力系数。

6.4 摩擦圆法

摩擦圆法由泰勒（D. W. Taylar, 1937）提出。当滑体为均质土构成的简单土坡时，其容重 γ、内聚力 c、内摩擦角 φ 可视为常数，安全系数可用摩擦圆法进行计算。

如图 6-7 所示，$\overset{\frown}{AC}$ 弧为进行计算的圆弧滑面，$\overline{ab}$ 为 $\overset{\frown}{AC}$ 弧上的一个微段，长度为 $\mathrm{d}l$，其受力分析和安全系数计算如下。

（1）作用在微段 $\overline{ab}$ 上的力

① 凝聚力：$c\cdot\mathrm{d}l$

② 法向反力：$\mathrm{d}p_n$

③ 摩擦力：$\mathrm{d}p_n\cdot\tan\varphi$

④ 切向力：$\mathrm{d}p_t$，土体极限平衡时，$\mathrm{d}p_t$ 等于抗剪力 $\mathrm{d}\tau$，即 $\mathrm{d}p_t = c\cdot\mathrm{d}l + \mathrm{d}p_n\cdot\tan\varphi$。

$\mathrm{d}p_n$ 与 $\mathrm{d}p_n\cdot\tan\varphi$ 的合力 $\mathrm{d}p$ 与该微段的法线（与滑面圆心的连线）成 φ 角。如在滑面圆心 O 作半径为 $R\sin\varphi$ 的圆，则任一微段的 $\mathrm{d}p$ 力必与该圆相切（$\mathrm{d}p$ 的延长线就是圆的切线），故称该圆为摩擦圆，该法为摩擦圆法。

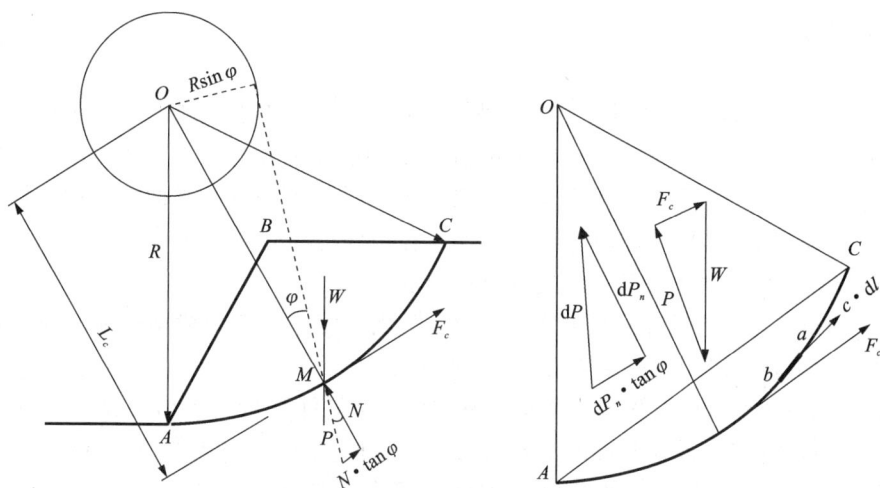

图 6 – 7　摩擦圆法稳定性分析及安全系数计算图

(2) 整个滑动体达到极限平衡时作用于 $\overset{\frown}{AC}$ 弧上的力

① 凝聚力的合力 F_c，其方向假定平行 $\overline{AC}$，则 $L_c = \dfrac{\overset{\frown}{AC}}{\overline{AC}} \cdot R$；

② 重力 W，其作用线与 F_c 交于 M 点；

③ 圆弧上法向反力 N 与摩擦力 $N \cdot \tan\varphi$ 的合力 P，P 也通过 M 点，且延长线与摩擦圆相切。

当滑动土体处于极限平衡时，W、P、F_c 组成闭合的力矢 Δ 形，因已知 W，故可求得 P 和 F_c。

(3) 安全系数 F_s

由于 $\overset{\frown}{AC}$ 弧是假想的滑面，该面不一定达到极限平衡，故力矢 Δ 形中的 F_c 也不一定正好等于 $c \cdot \overline{AC}$，设此滑面的凝聚力为 c_r，则由力矢 Δ 形得到 F_c 后，可求得 $c_r = \dfrac{F_c}{\overline{AC}}$，则安全系数：

$$F_s = \frac{c}{c_r} \tag{6-7}$$

工程应用时，可先假定 $F_c = c \cdot \overline{AC}$，则力矢 Δ 形中 F_c 的大小和方向为已知，以此求得 P 和 W_r，该 W_r 不一定就是滑动土体的实际重量，当 $W > W_r$ 时，说明内聚力的合力虽已全部发挥作用，但仍不能阻止土体滑动，因而土坡也就处于不稳定状态，所以，安全系数还可用 $\dfrac{W_r}{W}$ 来表示。而 W_r 和 W 又可表示成 $\gamma_r \times H$ 和 $\gamma \times H$，所以 F_s 还可用 $\dfrac{\gamma_r}{\gamma}$ 或 $\dfrac{H_\gamma}{H}$ 来表示，即：

$$F_s = \frac{W_r}{W} \quad \text{或} \quad \frac{\gamma_r}{\gamma} \quad \text{或} \quad \frac{H_\gamma}{H} \tag{6-8}$$

6.5 简布法

当边坡中土或废石堆的性质在整个边坡中都有变化(非均质),或者当破坏面的形状由于某些构造特征(如土岩分界面)而成为非圆弧形时,则前述推导的圆弧形破坏算图的假设条件就不成立了。在这种情况下,特别是当部分破坏面由低抗剪强度的平面型结构面构成时,再应用圆弧形破坏算图就会引起较大误差。因此,在组成边坡的材料性质发生变化或具有构造特征时,就必须应用一种更精确的稳定性分析方法。

简布法(Janbu 法)是现有分析土体及破碎、风化岩体非圆弧形滑动破坏的最有效、最通用、最简便(简单到可以用手算来求解)的一种方法。

Janbu 法求解思路:首先假定一个安全系数,并反复计算直到导出的安全系数与前一次叠代的安全系数相符合(或在允许的误差内)为止。对一个已经发生的破坏进行事后分析时,由于破坏时运用的内聚力 c 和摩擦角 φ 由假定安全系数 $F_s = 1$ 给出,故不需要进行反复迭代。

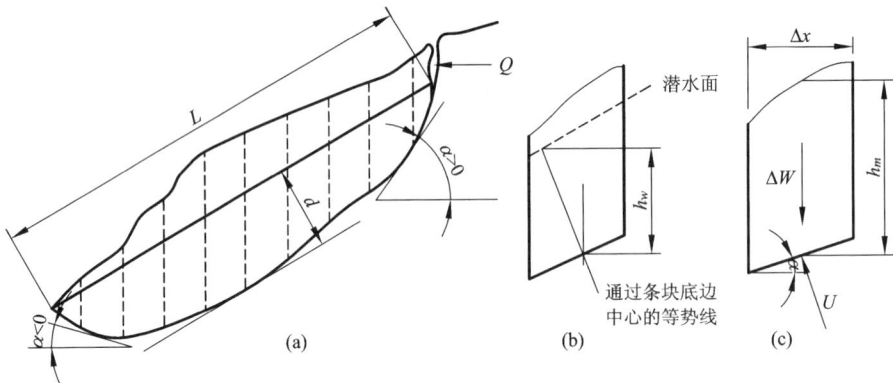

图 6-8 Janbu 法非圆弧滑动稳定性分析简图

(a)穿过滑体的剖面图,表示条块边界和几何参数;

(b)计算作用于条块底边的平均水压;(c)稳定性分析所用的条块参数

图 6-8 所示非圆弧滑动破坏,其在重力、坡顶裂隙水静压力和滑面浮托力作用下,沿结构面产生非圆弧滑动,则其稳定性安全系数为:

$$F_s = f_0 \frac{\sum \dfrac{\left[C + (P - U)\tan\varphi\right]\Delta X}{n_a}}{\sum \Delta W \times \tan\alpha + Q} \qquad (6-9)$$

式中:C、φ——滑动面内聚力和内摩擦角;

P——单位面积的条块平均重量;

L、d——滑体弦长和深度;

ΔX——条块宽度;

U——条块底面平均水压,$U = \gamma \cdot h_w$;

Q——坡顶裂隙水静压力;

n_a——几何形状函数，为便于计算，图6-9给出了n_a取值；

f_0——校正系数，为便于计算，图6-10给出了f_0取值。

当$Q = 0$(干燥边坡)及ΔX为常数时：

$$F_s = f_0 \frac{\sum \dfrac{[C + (P - U)\tan\varphi]}{n_a}}{\sum P \cdot \tan\alpha} \qquad (6-10)$$

Janbu法非圆弧滑动稳定性分析步骤如下：

第一步：确定条块参数

把滑体分成若干条块(注：所划分的条块不一定都要等宽，但若能采用等宽，则可简化计算工作)，并考虑材料性质变化、边坡几何形状、水压力分布等因素选择条块宽度ΔX，量得各条块底边中心对水平面的倾角α，并把各条块的α、ΔX和$\tan\varphi$的数值列成表。

第二步：计算重量参数

计算条块重量ΔW及单位底面积上条块的平均重量P，并将P，h_m和ΔW值列成表。

如果条块的几何形状相当规则，则$P = \gamma \times h_m$，h_m是条块的中心高度，而$\Delta W = \gamma \times h_m/\Delta X$。

如果条块高度不规则，则可用求积仪量出条块的面积再乘上该条块的材料容重就可计算出条块的重量，在这种情况下，$P = \dfrac{\Delta W}{\Delta X}$。

第三步：计算破坏面上的水压

计算各条块底面上的平均水压，并将此值列入计算表。

如果在滑体背面有垂直张裂缝，则由于张裂缝中的水引起的水平力V应计算出来。

第四步：详细计算

计算每个条块的$\Delta W \cdot \tan\alpha$和$X = [C + (P - U)\tan\Phi]\Delta X$，并将这些值列入计算表中。

第五步：假定一个安全系数(第一次试算通常取$F_s = 1$)，从图6-9中找出各个条块的n_a值，计算每个条块的$\dfrac{X}{n_a}$，并将该值列入表中。

第六步：从图6-10中确定f_0值，并按式(6-11)计算新的安全系数值

$$F_s = f_0 \frac{\sum (X/n_a)}{\sum \Delta W \cdot \tan\alpha} \qquad (6-11)$$

第七步：如果第六步计算得的安全系数不符合第五步所假定的安全系数值，则假定一个新的F_s值(接近第六步的计算值)，并重复第五步和第六步计算过程，直到计算得到的安全系数和假定值相符为止。

Janbu法计算的收敛速度很快，一般经过3~4次反复就能求得适合问题的解。但在大量边坡要进行稳定性设计、分析时，编成计算机程序来求解就简便得多。

假设破坏模式是运动学上可接受的话，Janbu法非圆弧破坏分析可以应用于在一个或几个面上的平面破坏(但不是楔体破坏)。

Janbu法非圆弧滑动分析算例。

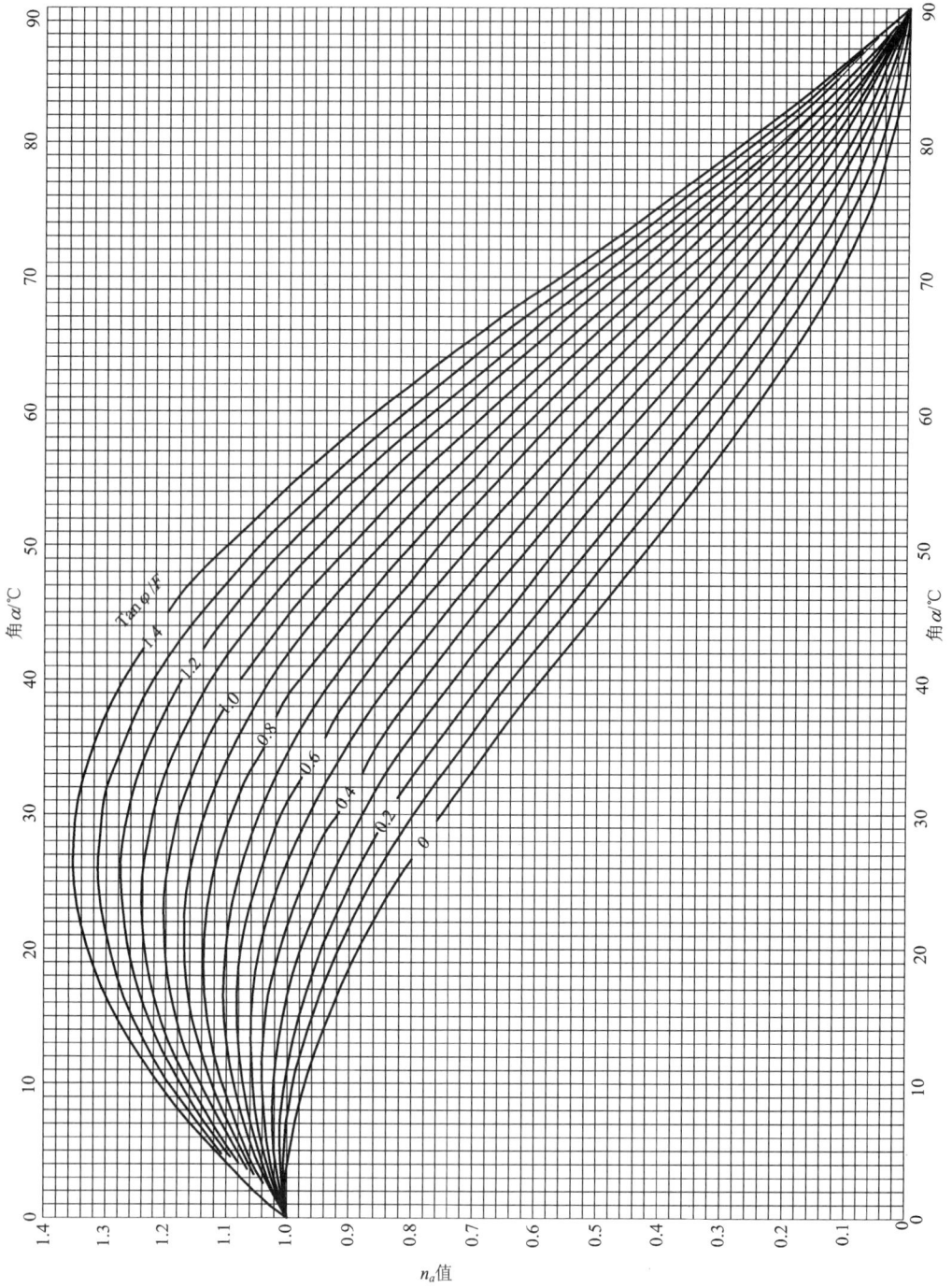

图 6-9 α 为正角时形状函数 n_α 取值

注：当条块底边的坡度与滑体表面坡度处于同一象限时，α 为正角

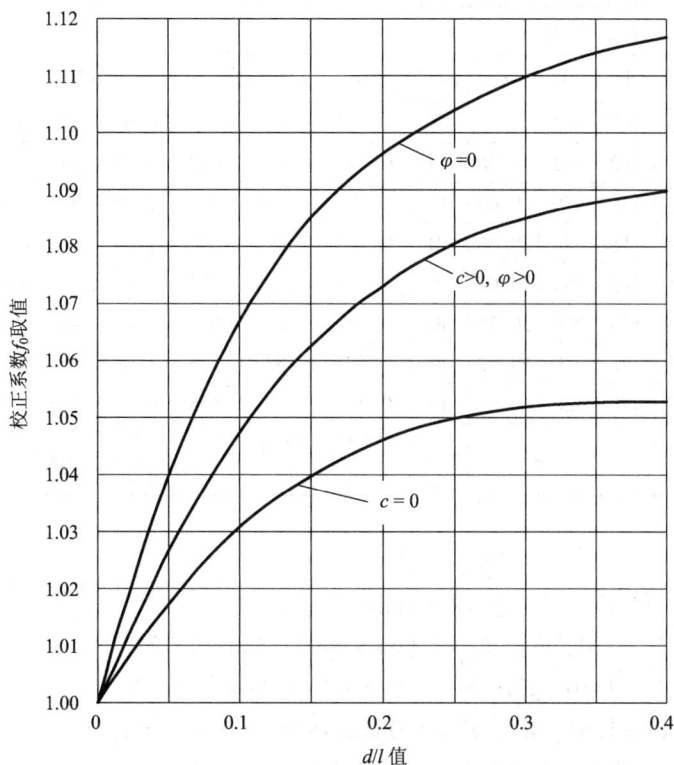

图 6 – 10　Janbu 法非圆弧滑动分析中考虑条块间作用力的校正系数 f_0 取值

如图 6 – 11 所示，非圆弧滑动由砂土、黏土、基岩三层构成，砂土 $\gamma = 18$ kN/m^3、$c = 0$、$\tan\varphi = 0.76$，黏土 $\gamma = 20$ kN/m^3、$c = 40$ kPa、$\tan\varphi = 0.577$，黏土与基岩间的抗剪强度假定取用黏土的参数值，则其安全系数计算的条块基本参数见表 6 – 1。

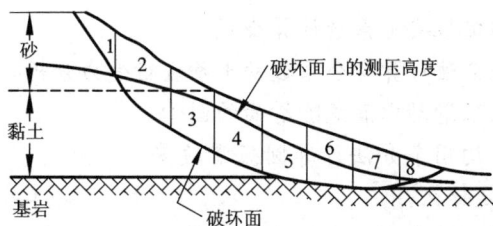

图 6 – 11　Janbu 法非圆弧滑动分析算例

又设滑体的厚长比（d/L）为 0.17，由图 6 – 10 查得 $f_0 = 1.065$，由式（6 – 10）或式（6 – 11）可计算滑体的安全系数 F_s。

表6-1　Janbu 法安全系数计算表

条块	\multicolumn{8}{c}{剖 面 参 数}	\multicolumn{2}{c}{计 算}	\multicolumn{2}{c}{试 算 1}	\multicolumn{2}{c}{试 算 2}	\multicolumn{2}{c}{试 算 3}
	α	ΔX	h_m	P	ΔW	u	c	$\tan\varphi$	$\Delta W\tan\alpha$	X	n_a	X/n_a	n_a	X/n_a	n_a	X/n_a
1	58	5.0	4.0	72	360	–	0	0.761	576	274	0.63	438	0.52	526	0.50	548
2	44	6.0	8.1	162	972	34.30	40	0.577	939	682	0.81	842	0.69	988	0.67	1018
3	29.5	6.0	7.5	150	900	49.05	40	0.577	509	589	1.00	589	0.89	662	0.89	662
4	20.5	6.0	7.4	148	888	58.86	40	0.577	332	548	1.07	512	0.98	559	0.97	565
5	15.0	6.0	7.1	142	852	49.05	40	0.577	228	562	1.07	525	1.01	556	1.01	556
6	9.5	6.0	6.0	120	720	36.79	40	0.577	120	528	1.06	498	1.02	518	1.02	518
7	3.5	6.0	4.5	90	540	19.62	40	0.577	33	483	1.03	469	1.02	474	1.01	478
8	–12	7.0	3.0	60	420	–	40	0.577	–89	448	0.85	527	0.89	503	0.89	503
									$\sum\Delta W\cdot\tan\alpha$ $=2648$		$\sum(X/n_a)$	4400		4786		4848

安全系数计算公式：$F_s = f_0 \dfrac{\sum(X/n_a)}{\sum\Delta W\cdot\tan\alpha}$，其中 $X = [C+(p-U)\tan\varphi]\Delta X$，则

试算1：假定 $F_s = 100$，算出 $F_s = 1.065\times4400/2648 = 1.77$；

试算2：假定 $F_s = 1.80$，算出 $F_s = 1.065\times4786/2648 = 1.92$；

试算3：假定 $F_s = 1.95$，算出 $F_s = 1.065\times4848/2648 = 1.95$；

所以，这个滑动破坏面的安全系数 $F_s = 1.95$。

本章习题

1. 圆弧滑动的稳定性分析方法有哪些？

2. 简述圆弧滑动的假设条件。

3. 圆弧滑动与平面滑动或楔体滑动的稳定性安全系数计算的最大区别是什么？

4. 试推导圆弧滑动稳定性安全系数计算公式。

5. 试对圆弧滑动用条分法计算安全系数的土条进行受力分析。

6. 试用作图法确定圆弧滑动中最危险滑面的圆心。

7. Fellenius 与 Bishop 均用条分法计算圆弧滑坡安全系数，二者的本质区别是什么？

8. 试推导圆弧滑动摩擦圆法安全系数计算公式。

9. 简述 Janbu 法非圆弧滑动稳定性分析步骤。

10. 简述 Janbu 法计算安全系数的解题思路。

11. 举例你所见过的圆弧滑动，并分析导致其滑塌的因素，计算其安全系数。

12. 如图所示圆弧滑动体 ABC 沿滑动面 $\overset{\frown}{AC}$ 弧滑动，试用条分法计算其安全系数。

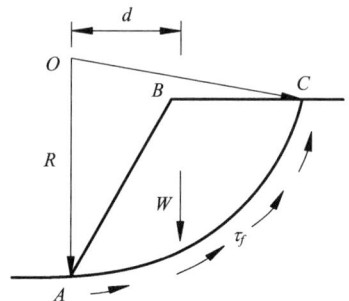

第7章 路堑边坡稳定性分析

7.1 概述

在道路(公路、铁路)沿线由开挖山体或填方路基形成的边坡称为路堑边坡。

路堑边坡按材料不同分为岩石路堑、石质土路堑、土质路堑三类。

路堑边坡稳定性影响因素:

(1)边坡高度、倾角:边坡高度对坚硬、完整岩层的边坡稳定性影响不大,但对软弱破碎岩层和土质边坡则影响较大,一般土质(包括粗粒土)挖方边坡高度不宜超过 30 m。边坡角设计时应参考当地稳定的自然山坡和人工边坡(如已建成道路的边坡等)的坡度,并结合施工方法、路基排水、岩土成因类型及生成年代等进行综合分析而定。

(2)岩土体性质:包括岩土的矿物成分、结构构造、胶结特性、物理力学性质等。

根据岩性的不同,岩石一般可分为三类:① 岩石强度较高,整个岩层的岩性较均匀,层间胶结良好,如各种硬质岩浆岩、厚层灰岩及片麻岩、大理岩等;② 岩石强度也较高,但层间胶结不够良好,如中薄层砂、砾岩、灰岩、较硬的板岩、千枚岩等;③ 岩质较软,层间胶结较差,如薄层砂、页岩互层、千枚岩、云母、滑石、绿泥片岩等。

岩石的矿物成分对岩性的影响也较大,如云母等含量较高的岩石,其强度则较差,也容易风化。

(3)工程地质(地质构造):岩层主要构造面(如层理、节理、片理、不整合面、断层)的产状及其与路线的关系,单一或互层,有无软弱夹层,以及构造面间的连接情况等。

(4)岩石的风化、破碎程度:岩石的风化、破碎是地质动力作用与长期风化的共同结果。路基工程最常见的就是具有一定风化、破碎程度的各种岩层。

岩石的风化破碎程度,按其外部特征的不同可分为四等,见表7-1。

表7-1 岩石风化破碎程度表

等级	外 观 特 征				
	颜色	矿物成分	结构构造	破碎程度	强度
轻度	较新鲜	无变化	无变化	裂缝不多,基本上是整体,裂缝基本上不开裂	基本不降低,用锤敲时很容易回弹
中等	造岩矿物失去光泽,色变暗	基本不变	无显著变化	开裂成直径为 20~50 cm 的大块状,大多数裂缝开裂很小	有降低,用锤敲声音较清脆
严重	显著改变	有次生矿物	不清晰	开裂成直径为 5~20 cm 的碎石状,有时裂缝张开较大	有显著降低,用锤敲声音低沉
极重	变化极重	大部分成分已改变	具有有外形,矿物间已失去结晶联系	裂缝极多,爆破以后较多呈碎石土状,有时细粒部分已略具塑性	极低,用锤敲时基本不回弹

（5）地面水、地下水：排水设计不当，地面水流易于集中，冲坏边坡或渗入地下转为地下水，地下水对于风化破碎岩层、软弱夹层、土层，具有强度弱化和破坏作用，比较大型的坍方、滑坡往往与地下水的作用有关。

（6）施工方法和地震作用：大爆破施工和较高烈度的地震，对于边坡稳定性的影响较大，这些地区的边坡应适当放缓。

此外，路堑边坡的稳定性还与水文地质、地形地貌、排水条件、气候条件等有关。

上述影响路堑边坡稳定的诸因素中，随路段的不同而有所侧重。因此，只有对具体路段的工程地质条件和影响因素作全面的调查分析，针对其主导因素、兼顾其他因素，才能对路基边坡做出正确的设计，不致顾此失彼。

7.2　深路堑边坡稳定性设计

1. 收集基础资料

当挖方路基的工程地质、水文地质条件不良或边坡较高，特别是土质边坡高度超过20 m、石质土边坡高度超过20～30 m、岩质边坡高度超过30 m，应进行专门的边坡设计。

深路堑要大量开挖山体，容易引起滑坡、崩塌。边坡设计时，首先应判别山体是否稳定，有无滑坡、倾向路基的软弱面、地下水等不良地质现象，对于不稳定的山体，或开挖会引起上方山体失稳时，应考虑避让，路线必须通过时，则应采取措施予以处理。

路堑边坡设计时，应进行工程地质和水文地质调查，并收集下列资料：

（1）岩石（土）的名称及性质。

（2）地质构造，各种软弱面（断层、节理、层理、片理）的产状及其与路线的关系。

（3）岩石风化和破碎程度。

（4）地面水和地下水的影响。

（5）当地地质条件相似的自然极限山坡和人工开挖边坡的坡度。

（6）施工方法与工艺。

（7）废土的地点和废土堆的位置等。

2. 深路堑边坡设计内容

深路堑边坡设计，主要是确定边坡的形状和坡度。

（1）选择边坡横断面的形状

深路堑边坡，一般可以选用图7－1所示的几种形式。

① 直线形

当边坡为均质或薄层互层且高度不大时，宜采用一坡到顶的直线形，图7－1(a)。

② 折线形

当边坡高度较高或由多层土组成而上部岩（土）层的稳定性较下部好时，可采用上陡下缓的折线形边坡，图7－1(b)；若上部为覆盖层，或上部稳定性较下部岩（土）层差时，则宜采用上缓下陡的折线形边坡，图7－1(c)。折线形边坡易在边坡拐点处出现坡面的冲刷破坏，因此，在降水量大的地区，软质岩土边坡宜改用直线或台阶形边坡，或采取适当的坡面防护措施。

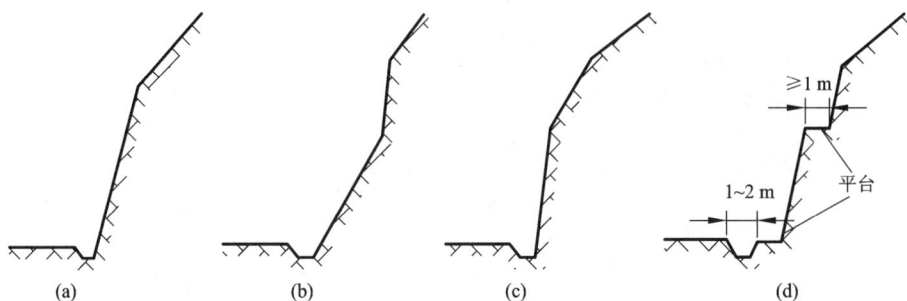

图 7 - 1　深路堑的边坡形式
(a)直线形；(b)上陡下缓形；(c)上缓下陡形；(d)台阶形

③ 台阶形

当边坡直观上由多层土组成且很高时，可在边坡中部或岩(土)层分界处设置不小于 1.0 m 宽的平台，平台可增加边坡的稳定性，减少坡面冲刷，拦挡上部边坡剥落下来的小石(土)块，平台表面应做防护，以免再被雨水破坏，图 7 - 1(d)。

对于易风化的软质岩石边坡及松散的碎(砾)石类土质路堑边坡，因为容易产生碎落物造成边沟堵塞或影响交通，也应考虑设置台阶形边坡。

(2)确定边坡坡度

深路堑的边坡坡度，主要按工程地质法确定，即根据岩土性质、工程地质和水文地质条件、拟用的施工方法、边坡高度等因素，对照当地自然极限山坡或已有人工开挖边坡的坡度来确定；土质均匀的土类边坡，也可采用力学验算法确定坡度，但仍需按工程地质法校核。

(3)设计必要的坡面防护工程

对于容易风化剥落或者风化破碎程度严重的坡面，应考虑采用坡面防护措施以防止各种自然应力对路堑边坡的破坏作用，保证边坡稳定。

坡面防护设计，如硬化、复垦、植草等，可参见相关资料，本书不予论述。

(4)合理处理废土

路基挖方应尽量考虑移挖作填，或利用弃土适当加宽路基，以减少废方。为防止废方堆置不当而影响路堑边坡的稳定，设计时必须妥善考虑路堑旁弃土堆的设置，土堆内侧坡脚与路堑坡顶的距离(如图 7 - 2 中的 d 值)，对干燥坚硬土不应小于 3.0 m，潮湿软弱土不应小于路堑深度 H。

为了排除路堑坡顶与弃土堆边坡中间地带的地面水，可在路堑坡顶 1.0 m 以外设置三角形土台，土台与弃土堆之间设有深度与底宽均为 0.3 m 的排水沟，沟的纵坡不小于 0.5%，沟内的水由弃土堆的预留缺口排出。土台高度不大于 0.6 m，顶面向排水沟倾斜的横坡不小于 2%(如图 7 - 2 所示)。山坡陡于 1:0.5 的岩质边坡，可不设三角形土台和排水沟。

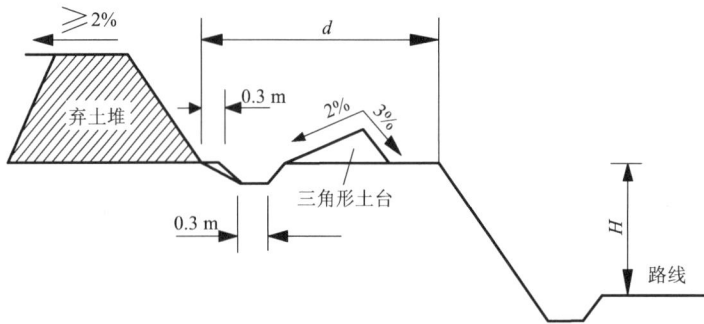

图 7 – 2　路堑旁弃土堆横断面

7.3　岩石路堑边坡稳定性计算

（1）若路堑边坡所在岩层具有明显的倾斜结构（如层面、节理面、断层面和其他软弱面），且倾向路线，则此结构面的倾斜坡度及其面上的单位黏聚力和摩擦力的大小将影响边坡的稳定性。

（2）由于岩层倾斜结构面的单位黏聚力 c 和摩擦角 φ 值一般比岩体本身单位黏聚力和摩擦力小得多，故岩体一般沿结构面滑动。调查统计资料表明：

① 当滑动面为黏土岩、黏土页岩、泥质灰岩等泥化层面时，滑动倾角为 9°~12°；滑动面为砂岩层面或砾岩层面时，滑动倾角大于 30°~75°（大多变化于 35°~60°围内）。

② 在仅有重力作用下，软弱面的倾角 β 大于其摩擦角而小于边坡角 α，即 $\varphi < \beta < \alpha$ 时，该软弱面是最危险的软弱面。

1. 路堑边坡的安全系数计算

设边坡的变形岩体为单一的层状结构，如图 7 – 3 所示，按平面问题分析（即按边坡长度为 1 m 计），则岩体在自重作用下的稳定性，必须由岩体的重力所产生的滑动分力（T）小于或等于滑动面的抗滑阻力（R）来维持平衡，即 $T \leqslant R$。

边坡安全系数 F_s 为：

$$F_s = \frac{R}{T} = \frac{cl + W\cos\beta\tan\varphi}{W\sin\beta} \tag{7-1}$$

又 $W = \dfrac{\gamma \cdot L}{2}h\cos\beta$，代入上式并简化后，即得：

$$F_s = \frac{\tan\varphi}{\tan\beta} + \frac{4c}{\gamma h \sin 2\beta} \tag{7-2}$$

式中：W——变形岩体重力；

　　　h——滑动面上变形岩体的高度（简称"变形体高度"）；

　　　α——路堑边坡坡面角；

　　　β——滑动面倾角；

　　　l——滑动面长度；

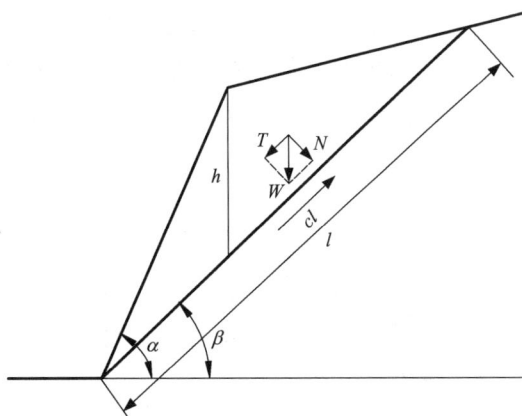

图7-3　边坡上力的平衡条件

γ——岩体容重；

c、φ——滑动面的黏聚力、内摩擦角。

又如图7-4所示，两个坡面呈三角形的斜坡，由式(7-3)其稳定性系数分别为：

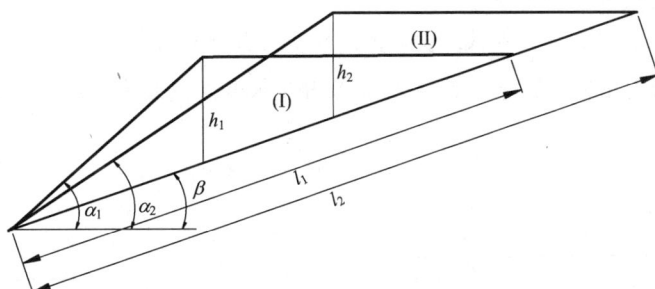

图7-4　变形体高度相同而坡度不同的两个边坡示意图

变形体 I ：

$$F_{s_1} = \frac{\tan\varphi}{\tan\beta} + \frac{4c}{\gamma h_1 \sin 2\beta} \qquad (7-3)$$

变形体 II ：

$$F_{s_2} = \frac{\tan\varphi}{\tan\beta} + \frac{4c}{\gamma h_2 \sin 2\beta} \qquad (7-4)$$

$h_1 = h_2$ 时：

$$F_{s_1} = F_{s_2} = \frac{\tan\varphi}{\tan\beta} + \frac{4c}{\gamma h_1 \sin 2\beta} \qquad (7-5)$$

由式(7-5)可知：同一层状结构面的两个斜坡，当变形体高度相同、其他条件不变时，即使坡面角 α_1、α_2 不同，两个斜坡的稳定性也是相同的。

由式(7-2)或式(7-5)还可看出：边坡安全系数 F_s 与变形体高度 h 成反比。因此，当进行削坡减载时，应尽可能从变形的临空自由面方向削坡，将变形体高度减小，以提高变形体的抗滑稳定性。

如图 7-5 所示,如果不受边坡高度(H)限制,当变形体高度(h)相同时,边坡角 α 可以在$[\beta, 90°]$任意变化。一般说来,变形体实际高度 h 小于极限变形体高度 h_j 时,边坡处于稳定状态,反之为不稳定状态。这说明在给定边坡高度的情况下,求得极限变形高度,即可获得稳定坡角的大小。

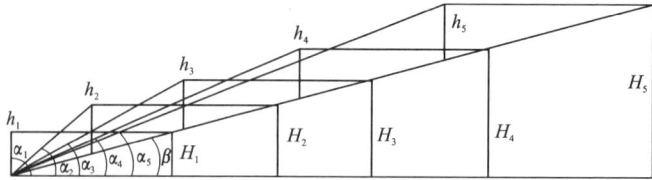

图 7-5 边坡高度 H、变形体高度 h、滑动面倾角 β 三者关系示意图

由上述分析可知:边坡稳定分析计算时,直立边坡与倾斜边坡的计算公式相同,平顶边坡与斜顶边坡的计算公式也相同,直立边坡是倾斜边坡的一个特例,平顶边坡也是斜顶边坡的一个特例。因此,只要把直立平顶边坡的稳定问题解决了,不同形状边坡的稳定分析问题也可解决。

2. 路堑边坡的稳定性验算方法

如图 7-6 所示,设有单一倾斜结构面所构成的直立平顶边坡,潜滑体的安全系数 $F_s = 1$,即致滑力与抗滑力平衡,根据式(7-2),求得极限变形高度 h_j 为:

$$H_j = h_j = \frac{2c}{\gamma \cos^2\beta (\tan\beta - \tan\varphi)} \quad (7-6)$$

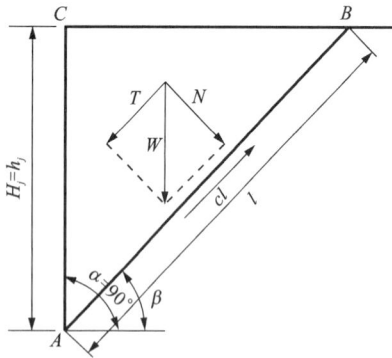

图 7-6 直立平顶边坡受力平面图

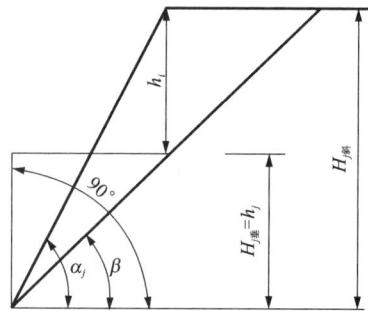

图 7-7 坡高、坡角与极限变形体高度关系

根据以上证明,直立边坡与倾斜边坡求算变形高度的公式完全一样,所不同的仅是直立边坡的极限设计高度 $H_{j垂}$ 恒等于变形高度 h_j;而图 7-7 所示倾斜边坡则 $H_{j斜} < h_j$,其极限稳定坡角 α_j 可根据已求得的 h_j 或 H_j 的数值通过图 7-8 所示的作图求得,也可按公式(7-7)来求取。

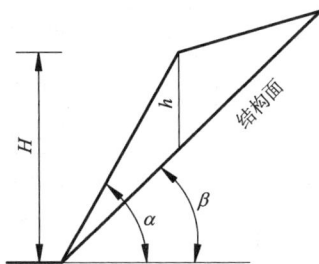

图 7 - 8　受结构面控制的路堑边坡

$$H = h \frac{1}{1 - m\tan\alpha} \tag{7-7}$$

式中：H——边坡高度；

　　　h——变形体高度，由式(7-6)求得；

　　　m——边坡坡率，$m = \cos\alpha$；

　　　α——边坡坡角。

当确定边坡坡角为(α)或坡率为($\cot\alpha$)时，则可用式(7-7)求极限边坡高度 H；反之，当坡高为 H 时，则边坡保持极限稳定状态的最大边坡坡角的正切为：

$$\tan\beta = \frac{H}{H - h}\tan\alpha \tag{7-8}$$

或

$$m = \cot\beta = \frac{H - h}{h}\cot\alpha \tag{7-9}$$

由式(7-6)，结构面的 c、φ（或 $f = \tan\varphi$）值，如无直接试验数据，可参照表 7-2、表 7-3 取用。亦可采用对照自然山坡的方法，调查条件类似的自然山坡（或已开挖的人工边坡）的坡度 H' 和坡率 m'，取其变形高度与设计边坡相同，即 $h = h'$，按式(7-9)推求设计边坡的坡度 H 和坡率 m。

$$\frac{H}{H'} = \frac{\dfrac{h}{1 - m\tan\alpha}}{\dfrac{h'}{1 - m'\tan\alpha}} = \frac{1 - m'\tan\alpha}{1 - m\tan\alpha} \tag{7-10}$$

表 7 - 2　各类软弱面的抗剪强度参数的变化范围

软弱面类型	摩擦角(°)	摩擦系数	单位黏聚力(kPa)
各种泥化的软弱面滑石片理面，云母片岩片理面等	9 ~ 20	0.16 ~ 0.36	0 ~ 50
粘上岩层面，泥灰岩层面，凝灰岩层面，夹泥断层，页岩层面，炭质夹层，岩片理面，绿泥石片岩片节理面等	20 ~ 30	0.36 ~ 0.58	50 ~ 100 有时至 400
砂岩层面，石灰岩层面，部分页岩层面，构造节理等	30 ~ 40	0.58 ~ 0.84	50 ~ 100
各种坚硬岩体的构造节理，砾岩层面，部分砂岩层面，部分石灰岩层面等	40 ~ 43.5 有时至 49	0.84 ~ 0.95 有时 1.15	80 ~ 220 有时至 500

注：本表为现场试验统计值，是沿结构面抗剪强度峰值的资料综合，可供参考。

表7-3　软弱夹层的抗剪强度参数的参考数值

软弱夹层性质	$f = \tan\varphi$	c(kPa)	软弱夹层性质	$f = \tan\varphi$	c(kPa)
含阳起石的构造挤压破碎带	0.48	27	节理中充填30%的黏土	1.0	100
黏土页岩夹层	0.40	15	节理中充填40%的黏土	0.51	0
断层破裂带	0.35	0	碎石充填的节理	0.4~0.5	100~300
膨润土薄层充填的页岩状石灰岩	0.13	15	有黏土覆盖的节理	0.2~0.3	0~100
膨润土薄层	0.21~0.30	93~119	含角砾的泥岩	0.42	10

3. 路堑边坡的稳定性验算示例

设岩石软弱面的抗剪强度为 $\varphi = 30°$、$c = 50$ kPa，软弱面的倾角为 $\alpha = 45°$，岩石容重为 $\gamma = 23$ kN/m³，验算边坡稳定性。

方法一：按极限状态（即 $F_s = 1$）计算

由式（7-6）求得变形体极限变形高度：

$$h = \frac{2C}{\gamma\cos^2\alpha(\tan\alpha - \tan\varphi)} = \frac{2 \times 50}{23\cos^2 45°(\tan 45° - \tan 30°)} = 20.57 \text{ m}$$

（1）按设定的边坡坡率 m 求边坡高度 H

① 设 $m = 0.2$（即 $1 : m = 1 : 0.2$），由式（7-7）得：

$$H = h\frac{1}{1 - m\tan\alpha} = 20.57 \times \frac{1}{1 - 0.2\tan 45°} = 25.72 \text{ m}$$

即当边坡坡率 $m = 0.2$ 时，极限平衡状态时允许的最大边坡高度 $H = 25.72$ m；如果边坡高度高于此值，则边坡的安全系数 F_s 将小于1，边坡就会滑塌。

② 设 $m = 0.4$，则 $H = 34.29$ m

（2）按边坡高度 H 求边坡坡率 m

① 设 $H = 40$ m，由式（7-8）、式（7-9）得边坡斜率 m 为：

$$\tan\beta = \frac{H}{H - h}\tan\alpha = \frac{40}{40 - 20.57}\tan 45° = 2.059, \text{ 即 } \beta = 64.09°$$

$$m = \cot\beta = \frac{1}{2.059} = 0.486$$

可见，如果边坡高度达到40 m时，极限平衡状态时设计的边坡坡率 m 应不小于0.486（可取0.5），否则，边坡的安全系数 F_s 将小于1，边坡就会滑塌。

② 设 $H = 50$ m，则 $\beta = 59.52°$，$m = 0.589$，可取0.6。

方法二：考虑稳定系数的计算

考虑边坡稳定的安全系数 $F_s = 1.25$，由式（7-6）得变形体极限变形高度公式为：

$$h = \frac{2c}{\gamma\cos^2\alpha(F_s\tan\alpha - \tan\varphi)} = \frac{2 \times 50}{23\cos^2 45°(1.25\tan 45° - \tan 30°)} = 12.93 \text{ m}$$

（1）按设定的边坡坡率 m 求坡高 H

① 设 $m = 0.2$（即 $1 : m = 1 : 0.2$），由式（7-7）得边坡高度：

$$H = h\frac{1}{1 - m\tan\alpha} = 12.93 \times \frac{1}{1 - 0.2\tan 45°} = 16.16 \text{ m}$$

即当边坡坡率 $m = 0.2$、且安全系数 F_s 要求达到 1.25 时,设计允许的最大边坡高度 $H = 16.16$ m;如果边坡高度高于此值,则边坡的安全系数 F_s 将小于 1.25。

② 设 $m = 0.4$,则 $H = 21.55$ m

(2)按边坡高度 H 求边坡坡率 m

① 设 $H = 40$ m,由式(7-8)、式(7-9)得边坡斜率 m 为:

$$\tan\beta = \frac{H}{H-h}\tan\alpha = \frac{40}{40-12.93}\tan45° = 1.478,即 \beta = 55.91°$$

$$m = \cot\beta = \frac{1}{1.478} = 0.677$$

可见,如果边坡高度达到 40 m、且安全系数 F_s 要求达到 1.25 时,设计的边坡坡率 m 应不小于 0.677(可取 0.7),否则,边坡的安全系数 F_s 将小于 1.25。

② 设 $H = 50$ m,则 $\beta = 53.45°$,$m = 0.74$,可取 0.75。

7.4 碎石土路堑边坡稳定性计算

对碎石土(填方)路堑边坡,在有剪切试验结果或有较可靠的经验数据时,可用圆弧滑动或平面滑动法验算边坡的稳定性。对于疏松的碎石土(填方)路堑边坡,宜用平面滑动法分析。

如图 7-9 所示,设土楔 ABD 沿假定的破裂面 AD 滑动且滑动面干燥($U = 0$),取单位长度(1 m)计,其稳定性安全系数 F_s 按式(7-11)计算。

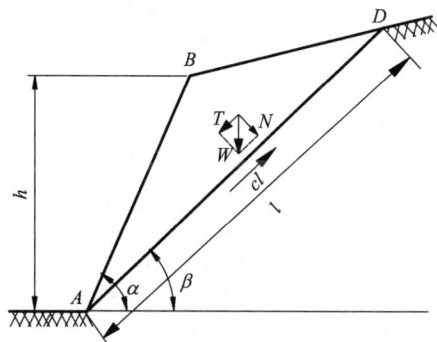

图 7-9 直线破裂法验算图

路堑边坡平面滑动的滑体主要受重力和滑面抗剪力作用。

抗 滑 力: $$R = cl + W\cos\beta \times \tan\varphi$$

致 滑 力: $$T = W\sin\beta$$

安全系数:

$$F_s = \frac{R}{T} = \frac{cl + W\cos\beta \times \tan\varphi}{W\sin\beta} \tag{7-11}$$

又 $W = \dfrac{\gamma hl}{2} \times \dfrac{\sin(\alpha-\beta)}{\sin\alpha}$,并令 $\alpha_0 = \dfrac{2c}{\gamma h}$,代入式(7-11)加以变换,得:

$$F_s = (\tan\varphi + \alpha_0)\cot\beta + \alpha_0\cot(\alpha - \beta) \qquad (7-12)$$

式中：W——土楔 ABD 的重力，kN；

$\quad\quad$ α——边坡角，(°)；

$\quad\quad$ β——滑动角，(°)；

$\quad\quad$ γ——边坡土体的容重，kN/m³；

$\quad\quad$ h——边坡的竖向高度，m；

$\quad\quad$ c——边坡土体的内聚力，Pa；

$\quad\quad$ φ——边坡土体的内摩擦角，(°)；

$\quad\quad$ l——滑动面 AD 的长度，m；

$\quad\quad$ α_0——参数，$\alpha_0 = 2cl/(\gamma h)$；

$\quad\quad$ m——边坡斜度系数，即横、纵比。

7.5　土质路堑边坡稳定性设计

土质(包括粗粒土)挖方边坡坡度应根据边坡高度、土的密实度、地下水、地面水的情况、土的成因类型及生成年代等因素确定。在一般情况下，土质挖方边坡坡度，可参照表 7-4 取用。设计取值要因地制宜，结合当地成熟经验，并根据公路技术等级及路基排水、防护等措施，进行综合分析而定。

一般土质(包括粗粒土)的挖方边坡高度不宜超过 30 m。

表 7-4　土质挖方边坡边度表

密实程度	边坡高度/m		密实程度	边坡高度/m	
	< 20	20 ~ 30		< 20	20 ~ 30
胶结	1 : 0.3 ~ 1 : 0.5	1 : 0.5 ~ 1 : 0.75	中密	1 : 0.75 ~ 1 : 1.0	1 : 1.0 ~ 1 : 1.5
密实	1 : 0.5 ~ 1 : 0.75	1 : 0.75 ~ 1 : 1.0	较松	1 : 1.0 ~ 1 : 1.5	1 : 1.5 ~ 1 : 1.75

注：(1)边坡较矮或土质比较干燥的路段，可采用较陡的边坡坡度；边坡较高或土质比较潮湿的路段，应采用较缓的边坡坡度。

$\quad\quad$ (2)高速公路、一级公路应采用较缓的边坡坡度。

$\quad\quad$ (3)开挖后，密实程度很容易变松的砂土及砂砾等路段，应采用较缓的边坡坡度。

$\quad\quad$ (4)土的密实程度的划分见表 7-5。

表 7-5　土的密实程度划分表

分级	试坑开挖情况	分级	试坑开挖情况
胶结	细粒土密实程度很高，粗颗粒之间呈弱胶结，试坑用锹开挖很困难，天然坡面可以陡立	中密	天然坡面不易陡立，试坑坑壁有掉块现象，部分需用铁锹开挖
密实	试坑坑壁稳定，开挖困难，土块用手使力才能破碎，从坑壁取出大颗粒处能保持凹面形状	较松	铁锹很容易铲入土中，试坑坑壁很容易坍塌

本章习题

1. 何谓路堑边坡？按材料不同分为哪三类？

2. 影响路堑边坡稳定性的主要因素有哪些？

3. 路堑边坡稳定系数如何取值？

4. 路堑边坡设计时应收集哪些基础资料？

5. 深路堑边坡主要分为哪几类？

6. 深路堑边坡设计包括哪些内容？

7. 何种条件下应进行深路堑边坡设计？

8. 如何确定路堑边坡坡度？

9. 具有张节理和静水压力的边坡稳定性验算的假设条件有哪些？

10. 试进行路堑边坡的受力分析和稳定性安全计算及校验。

11. 简述疏松碎石土路堑边坡的计算方法。

12. 设岩石软弱面的抗剪强度 $\varphi = 28°$、$C = 45$ kPa，软弱面的倾角 $45°$，岩石容重极限状态和考虑稳定系数两种方法验算边坡稳定。

13. 设岩石软弱面的抗剪强度 $\varphi = 32°$、$C = 48$ kPa，软弱面的倾角 $60°$，岩石容重为 20 kN/m^3，按极限状态和考虑稳定系数两种方法验算边坡稳定。

第8章　废石场稳定性分析

露天矿采掘剥离排弃的废石的堆积体称为废石堆，亦称废石场或排土场。废石堆稳定包括承纳废石的基底和基底上排弃的散体废石两部分。基底稳定问题参考平面滑动或楔体滑动或圆弧滑动进行分析，基底上散体废石的稳定问题是本章的重点内容。

统计表明：露天矿排土场的占地面积是全矿占地的40%~60%。因此，如何减少占地和环境污染，提高排土效益，保证排土工程安全顺利进行以及排土场废石堆下方工业和民用设施的安全，是露天矿开采的重要课题。近年来国外露天矿普遍采用的高台阶排土工艺，对废石堆的稳定性研究也提出了更高的要求。

目前我国露天矿排土场的选址和堆置参数设计主要注重排土工艺的经济效益的考量，而对排土场的稳定研究较少。露天矿废石场失稳在我国尤其是多雨和雨季的南方矿山非常普遍，往往造成重大安全事故和经济损失。如2008年8月1日0时45分，山西省娄烦县太原钢铁(集团)有限公司尖山铁矿排土场发生特别重大垮塌事故，造成45人遇难和失踪。初步分析认定的直接原因：一是排土场地基为第四系上更新统(Q_3)黄土，承载能力较差；二是该矿违规超能力排放；三是排土场设计依据不充分，缺少地勘资料，没有施工图；四是没有对排土场进行认真监测、监控；五是对周边(坡脚下)群众未组织搬迁撤离。

8.1　废石场滑塌模式及稳定性影响因素

8.1.1　废石场滑塌模式

依据废石场滑塌的受力状态及变形方式不同，其滑塌模式可分为压缩沉降、失衡滑坡、泥石流等三种类型。

1. 压缩沉降变形

新堆置的排土场为松散岩土物料，其变形主要是在自重和外载作用下逐渐压实和沉降。由于空隙缩小，同时被细颗粒充填，引起密度增加和体积减小，废石堆由原来的岩石、水分、空气介质体逐渐变成岩石、水分两相介质体。

废石堆沉降变形过程随时间和压力而变化。排土初期的沉降速度大，随着压实和固结，沉降速度逐渐变缓。据国内冶金矿山排土场观测资料，其沉降系数为1.1~1.2，沉降过程延续数年，但第一年的沉降变形占50%~70%，是产生滑坡事故的关键一年。在废石堆正常的压实沉降过程中虽然变形较大，但不会产生滑坡，只有当变形超过极限值时才导致滑坡。国外排土场大量观测资料表明：废石堆位移速度为0~25 cm/d属压缩沉降过程，超过25~50 cm/d便可能出现滑坡，需要采取安全措施。

2. 失衡滑坡

按滑塌影响条件和滑动面所处位置不同，失衡滑坡又分为堆内变形、接触面滑坡、基底破坏三种形式。

(1)废石堆内发生变形破坏

当基底岩层坚硬稳定，排弃散体透水性差，含黏土矿物多、风化程度高，散体强度低时，常发生这类破坏，如图 8-1(a)所示。这类破坏常是废石堆台阶坡面先鼓起后滑坡。

(2)沿废石堆与基底接触面滑坡

当废石堆散体物料及基底岩层强度较大、而二者接触面存在软弱层时常发生这种滑坡，如图 8-1(b)所示。如外排土场陡倾山坡的基底表面有第四纪黄土、黏土等软弱层覆盖，或内排土场基底表面存在有未清除干净的风化的松散物料时，可产生这种滑塌模式。

(3)基底破环

当承纳废石的基底岩层软弱、承载能力小时，在废石堆的压力作用下可能沿基底软弱岩层滑动，而引起废石堆滑塌，如图 8-1(c)。由于基底岩层滑动，常在废石堆前方产生地鼓，从而引起牵引式滑坡。

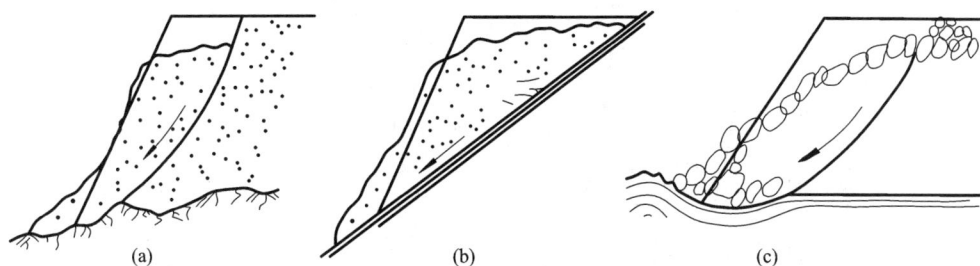

图 8-1 废石堆滑塌模式示意图
(a)废石堆内部滑动；(b)废石堆沿接触面滑动；(c)软基破坏引起滑塌

3. 泥石流

泥石流的成因及治理，详见本章8.4节。

应该指出，废石堆作为松散介质，在自然状态下的沉降变形和滑坡是个复杂的应力平衡和失衡过程。由于它是松散体，滑塌时滑体内各"质点"的运动轨迹可能不相同，所以废石堆的滑塌不同于受地质结构面控制的岩坡而属于"土体"范畴的滑坡。另外，一个废石堆的滑塌可能具有多种滑塌模式，或者是先后形成，或者呈现它们的组合形式。

8.1.2 废石场稳定性影响因素

废石场是采场内剥离土岩经爆破、铲装、运输和排弃工序，堆筑在基底之上形成的堆积体，其结构或外部条件不同于采场内的原状岩土，稳定性也不同于一般的岩土质边坡。废石堆稳定性主要决定于堆积散体的物理力学性质、基底岩土层的承载能力、废石场的水文地质条件以及排土工艺等。

1. 废石堆物料的物理力学性质

废石堆物料的物理力学性质主要是指物料成分、结构和含水量以及这些因素对力学性质的影响。

(1)废石堆物料成分

废石堆物料成分是指原来采场岩土的矿物成分及排弃后不同岩土不同比例的混合成分。

矿物的软硬程度及其风化、吸水、软化和水解等特性对废石堆物料的强度具有很大影响。废石堆中各岩土的混合比例不同,其物理力学性质也不同。坚硬块石的抗剪强度比松软岩石的抗剪强度高,并且有利于水的渗透。黏性土和风化带的抗剪强度要比混合岩或混合料的低得多。所以,矿山基建剥离时所集中排弃的大量的第四纪黏土和强风化岩石的强度较低,加之孔隙水压力消散很慢,便容易在排土场内部形成潜在难透水弱面导致滑坡。根据排土场岩土的抗剪和抗压强度试验资料及其岩性组成的变化规律,当坚硬岩块中黏土等软岩含量不超过25%时,则坚硬岩石的强度和压缩特性实际上保持不变。随着软岩含量的增加便出现抗剪强度降低和压缩沉陷增大。

图8-2为美国中部约24个露天采场观测所得台阶内土和水解岩石(指抗崩解持久性指数小于85的岩石)所占百分比与废石堆稳定性之间的关系,图中显示,土和水解岩石所占比例越大,废石堆越不稳定。

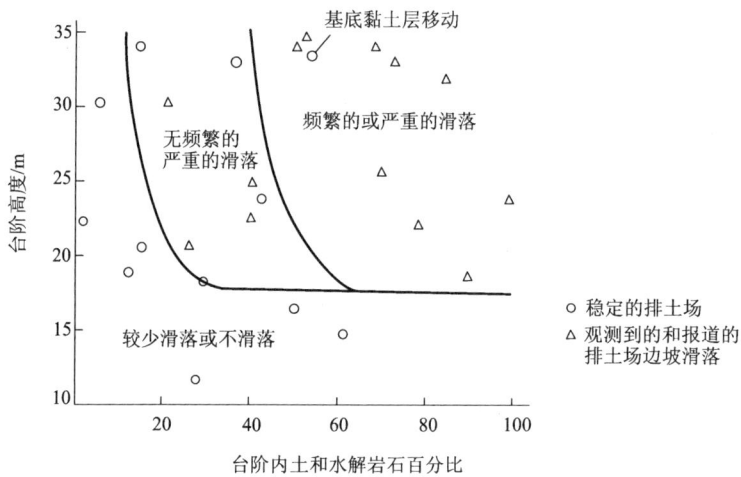

图8-2 台阶高度与台阶内土和水解岩百分比对废石场稳定性的关系

表8-1所列为不同成分排弃物的物理力学指标。从表中可以看出,排弃物按其土和水解岩石所占比例分成了三种类型,各自都有相应的指标。

表8-1 不同成分排弃物的物理力学指标

排弃物类型	自然含水量 (%)	干容重 (kN·m⁻³)	内摩擦角 (°)	内聚力 (MPa)	可塑性指数
土:75%以上的土与岩石的混合料	13~37 (21)	13.8~17.5 (15.4)	0~10 (5)	0.96~9.58 (5.75)	12~30 (19)
岩石:10%以下的土与岩石的混合料	5~15 (9)	14.4~19.1 (16.5)	27~32 (29)	2.87~4.79 (3.83)	14~20 (18)
土和岩石的混合料	9~19 (13)	13.1~20.7 (16.3)	4~30 (20)	0.19~13.4 (6.22)	14~32 (19)

注:括号内数值是试验中值。

（2）废石堆物料结构

废石堆物料结构是指废石堆物料中颗粒（或岩块）形状、粒度（或块度）、排列关系及废石堆物料密度等。

颗粒形状指颗粒是棱角形的还是磨圆的。除砂砾、鹅卵石常具圆形、椭圆形外，新近爆破后的岩块均是棱角形的，但风化后具圆形、椭圆形。散体物料疏松状态时的自然安息角与颗粒的形状和大小有关，如砂粒约 30°，棱角形破碎块石约 40°，而较大的棱角形块石可接近 45°。

粒度是指颗粒（粒径）大小，它与岩土类别、爆破方法等有关。粒径越大且均匀时，堆积体透水性越好，废石堆的稳定性越高。

粒度分布在很大程度上影响着废石堆的压缩性、渗透性、密度和抗剪强度。具体而言，压缩性与粗颗粒含量呈反比（粗粒废石堆内部架空大、骨架刚性高），渗透性和密度与粒径成正比，抗剪强度与粒度分布的关系是：

① 平均粒径增大 $\Rightarrow c^+$、φ^+；

② 粒度级配不均匀系数增大 $\Rightarrow c^+$、φ^+；

③ 细颗粒（$d < 5$ mm）含量增加 $\Rightarrow c^+$、φ^+，且影响显著。

颗粒的排列关系指不同性质及粒径的排弃物的分层或分带，不同粒径颗粒相互比例等。

不同性质岩土的分层是不同的剥离土岩经分运和分层排弃形成的。分层面可成为强度减弱面。边坡面经长期暴露风化再在其上排土时也会构成强度减弱面。滑坡常沿此类面发生。

用汽车、推土机、排土犁或胶带输送机排土时，一般大块沿坡面滚至台阶下部，小块则留在上部。岩石坚硬时，台阶下部透水性好；但砂土、黏土混排时因黏土块不易在铲、运、排过程中粉碎而滚至台阶下部，结果台阶下部形成黏土层，其含水大时对台阶稳定性不利。用挖掘机排土时，因排土带宽、铲斗卸载高度大，故大块常陷于平盘上部排弃物中，上述分带不明显。

图 8-3 为永平铜矿南排土场 274 边坡的粒度分布。排土工作是用汽车靠废石场边缘直

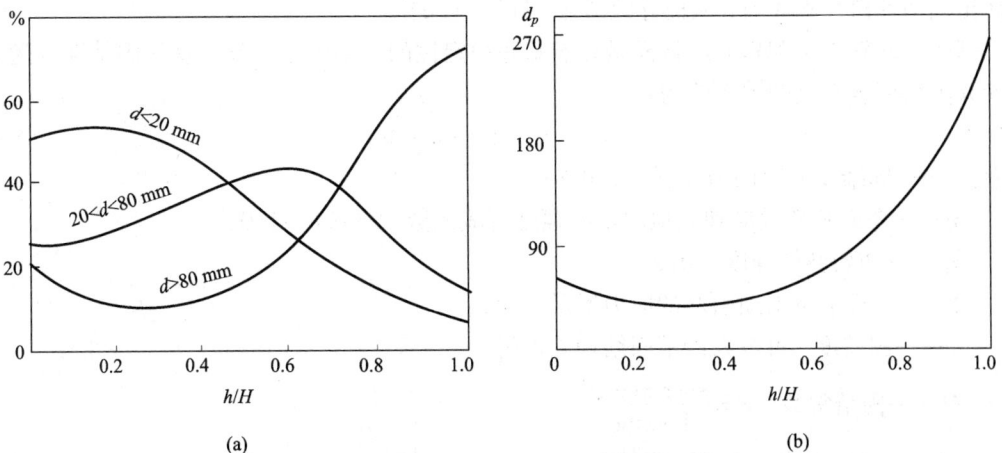

图 8-3　永平铜矿南排土场 274 边坡粒度分布图

（a）废石堆高度与废石粒度变化；（b）废石堆高度与废石平均粒度分布

接向坡下卸载,残留在平台的部分岩石由推土机推到坡下。由图可知,粒径 $d < 20$ mm 的细颗粒岩石在废石场上部 1/3 高度较多,下部急剧减少,坡底最少;20 mm $< d <$ 80 mm 的中粒岩石含量显凸型变化,在废石场中部含量最多;$d > 80$ mm 的粗粒岩石在废石场上部 1/3 高度较少,往废石场坡底急剧增多。平均粒度的变化特点是自坡顶至坡底逐渐增大。

密度反映了废石堆物料颗粒间的紧密程度,不仅与粒度有关,还与废石堆高度及外载荷有关。一般而言,废石堆物料的 c、φ 值随密度的增加而增大,而密度(容重)又随废石堆高度的增大而增大(高度增大则压实荷载增大),即 c、$\varphi \propto \rho$,$\rho \propto H$。

废石堆散体介质强度机理的物理内容包括:颗粒滑动产生的摩擦、颗粒间的咬合(啮合)作用产生的摩擦,以及颗粒重新排列受到的阻力;粘结力主要取决于黏土矿物与孔隙水的物理化学作用所提供的原始粘结强度、某些化学成分的胶结作用而形成的固化粘结强度,以及散体结构对外力作用的反应。

2. 废石场基底

废石场基底可以是原地表(外排土场)或采场底面(内排土场)。基底及废石堆的稳定主要决定于基底的倾向和坡度、基底表面覆盖物的性质、基底内部浅层岩体的岩性及构造特征,以及基底中的含水情况等。

当基底倾向与废石堆可能的滑动方向一致、且坡度较陡时,废石堆稳定条件差,易沿基底表面滑塌。

内排土场基底属岩层,由于上部采掘工程影响,基底常遭受破碎,加之开采后卸压、风化等作用,因而基底岩层结构与原岩相比有较大变化。上部排土后又受重力和水的作用,因此内排土场排土后基底的物理力学性质与原岩不同。外排土场基底表面为原地表,它一般是表土或风化岩层,结构松散、孔隙多。

基底软岩在废石堆重力作用下产生压缩沉降变形,在排土初期其内部孔隙水压力较大,承载能力较低。但随着废石堆高度增大,压力也增大,地下水逐渐排出,孔隙水压力也逐渐消失,软岩被压实和固结,这时基底承载能力增加。若继续增加废石堆高度,则首先在边坡底部基底出现剪切变形;随着压力的继续增大,于是形成压力极限平衡区,基底失去承载能力而出现塑性滑移和底鼓,从而导致滑坡[图 8-1(c)]。

基底中的软岩层和软弱结构面是影响基底稳定性的主要因素。软岩基底固结强度随其固结度和固结荷载变化的关系式为:

$$\tau = \eta(\tau_0 + \Delta\sigma \cdot u \cdot M) \tag{8-1}$$

式中:τ——固结度 u 时的剪切强度,MPa;

η——考虑蠕变效应和其他因素的强度折减系数,取 0.8 ~ 1.0;

τ_0——初始剪切强度,MPa;

$\Delta\sigma$——排土量增加引起的应力增量,MPa;

u——固结度,可按太沙基固结理论求得;

M——固结常数,$M = \dfrac{\sin\varphi' x\cos\varphi'}{1 + \sin\varphi'}$;

φ'——基底软岩的有效内摩擦角。

图 8-4 所示是煤炭科学研究总院抚顺分院开采研究所对"义马北露天煤矿内排土场倾斜软弱基底滑坡机理"进行的底面摩擦模型实验研究。该排土场基底为煤矸互叠层岩组,包

含泥岩、炭质页岩、砂质泥岩和煤线，岩层内断裂节理发育，岩体破碎，离基底面 3 ~ 10 m 内分布有一至数层厚度达 30 cm 的泥岩，为岩层中的软弱夹层。其层面可见擦痕，已有塑性变型，力学强度低，倾角上部为 10° ~ 15°，下部为 6° ~ 8°。

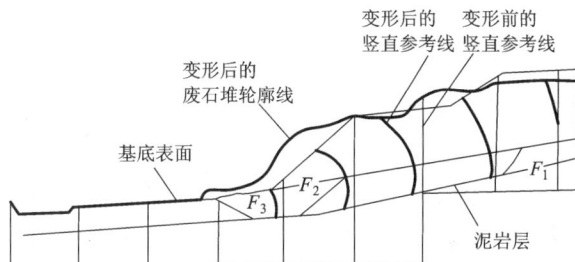

图 8 - 4　义马北露天煤矿内排土场基底底面摩擦模型变形图

　　实验表明，基底变形破坏是在超过其极限承载能力时开始发生的。在废石堆重力作用下，基底明显弯曲，挤压软弱夹层，并沿软弱夹层产生滑移，在夹泥上覆盖岩层中形成拉伸应力、产生断裂。物料沿断层或断裂缝楔入基底，在下部基底发生波状隆起。在变形初期，隆起高度增大较快，但其后随时间增长，下部隆起高度增加减缓，有时隆起发生坍塌，而隆起的水平范围扩大。由于基底的变形，引起废石堆下沉，水平位移很大，离废石堆边坡愈远，其变形量愈小。

　　实验还发现，边坡表面水平位移较大，随着深度增加而逐渐减小，但接近软弱夹泥层时水平位移又有所增加。这是由于越接近表面正压力越小，当接近软弱夹泥时，由于夹泥被挤压，弱层明显变薄。夹泥与上覆岩层之间摩擦作用使在上覆岩层中形成拉伸应力，牵引夹泥的上覆岩层滑移。

　　下部隆起高度与基底岩层赋存条件关系很密切。基底岩层倾角越大，其变形隆起量就越大，变形范围也越大。基底小断层控制着排土场的变形范围，并给滑动提供便利条件。若在废石堆基底中存在倾向与边坡倾向一致的断层，则物料首先从断层楔入基底，而在断层以外基底基本上不产生位移。在排土场下部存在断层时，隆起和裂缝也首先出现在断层位置。

　　以上分析可见，在评价废石堆基底稳定性时，必须先查清基底岩土层的性质和构造特征。

3. 废石堆和基底含水量

　　水诱发的排土场破坏主要表现在两个方面：一是沿着排土场基底存在有很大的水压力；另一是在废石堆内及基底处具有潮湿软化作用。

　　废石堆坡底有积水，被洪水浸淹或排土场设置于洼地时，废石堆物料及基底被水流浸润，降低了物料 c、φ 值，从而降低了废石物料强度。

　　大气降雨对废石堆稳定性有很大影响。雨水可浸润废石，甚至使之饱水。雨水渗入废石堆的深度视废石堆物料的渗透性而定，黏土质废石堆中渗透较浅，砂质中渗透较深，坚硬的块状岩石中可渗透到排土场基底。雨水对坡面的冲蚀，造成浅层物料的流失、滑移和局部塌落。其中一部分停淤于坡脚，由于物料以碎石土为主，透水性较差，故对坡底自然分级的大块带，起到覆盖与封闭作用，因而可延迟废石堆内部积水的疏干。

冬季，在冰冻地区，含水排土场的部分岩石冻结，破坏了岩石的结构，解冻时岩石强度降低，在排土场岩石中形成弱面。在重力作用下黏土质岩石产生孔隙压力，这些均导致排土场稳定性的降低。

基底岩层中的地下水可通过基底的节理裂缝发生渗透，雨水也能从高处以及局部的沟壑带渗透到基底。

废石堆的渗流与岩石边坡、尾矿坝比较具有很大的区别：排土场上游没有固定水头或浸润线，其水体来源属非稳定流的降雨和山坡汇水入渗；同时废石堆物料结构不均匀，其平均渗透系数较大。

假定废石堆内的渗流场服从建立在 Darcy 定律和液体连续性方程基础上的地下水动力学原理，在无降雨入渗补给和其他源汇项的情况下，潜水运动的基本微分方程为：

$$\frac{\partial}{\partial x}(k_{xx}\frac{\partial H}{\partial x}) + \frac{\partial}{\partial y}(k_{yy}\frac{\partial H}{\partial y})\frac{\partial}{\partial z}(k_{zz}\frac{\partial H}{\partial z}) = \mu(\frac{\partial H}{\partial t}) \tag{8-2}$$

式中：k_{xx}，k_{yy}，k_{zz}——沿 x，y，z 坐标轴的渗透系数；

　　　　H——潜水面绝对高程；

　　　　μ——给水度。

对于有降雨入渗补给和其他源汇项的情况，可根据水量平衡原理，在微分方程中加入相应的水量项参加运算即可。

废石堆散体具有孔隙含水和持水作用，使地表迳流量的峰值变得平缓，而且与降雨量相比有明显的滞后，其滞后时间与废石堆渗透系数相关。

含水的黏土、黏土质岩石的废石堆排至一定高度时，废石堆下部被压缩。由空气、水、土岩三相状态变为水、土岩两相状态，废石堆内产生孔隙压力，水向上逸出，而上部的水如大气降雨等则下渗，因而在排土场中形成一高含水带（图 8-5）。原苏联许多露天矿排土场滑坡区通过钻孔取样证明，该带的含水量远比其上、下废石的含水量高，这是因为该带未压密，孔隙为水充填所致。滑动面即沿该带形成。

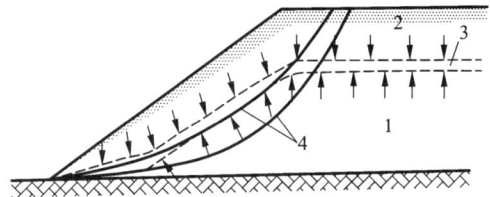

图 8-5 排土场中的高含水带
1—双相带；2—三相带；3—高含水带；4—滑动面

如果排土场基底不透水，则上述孔隙压力的最高值产生在废石堆底部；如果基底透水，则在底部以上，这种孔隙压力会逐渐消散。黏性土的渗透系数越小，消散越慢。

透水良好的砂砾、岩石碎块等排弃物，不产生上述孔隙压力。但当补给水较多时，会在废石堆内部形成渗流，产生孔隙压力。

为了验证和分析排土场渗流规律，可进行现场观测、室内物理模拟试验、计算机数值模拟分析。

4. 排土工艺

排土工艺对废石堆稳定性的影响是综合性的。在各种工艺因素中最重要的是废石堆边坡的高度和形状、排土工作线的长度和推进速度。

废石堆边坡高度视废石堆边坡角、废石物料的物理力学性质、基底条件而定。为了对松软基底进行有效的压实固结,而又不致荷载过大引起基底滑移,要求有适当的台阶高度。坚硬和中等坚硬岩石排弃于稳定基底上时,保持自然边坡角的废石堆可堆至任意高度。在平坦地表堆筑这种废石堆时,废石堆的高度可按运输线路的铺设与维护等费用以及高废石堆上使用大型设备的可能性等条件确定。

凹形(排土工作线凹向坡面)边坡比平直和凸形边坡稳定,而平直边坡又比凸形边坡稳定,因此,应充分利用有利地形堆筑凹形排土边坡。多数情况下,多台阶边坡比一坡到底的边坡稳定,因为多台阶边坡是由下往上堆筑、底部台阶压实固结时间长,同时降低了废石堆的总体边坡角,更有利于稳定。

采用全线排土法时,排土机械沿工作线连续移动,工作线的推进速度反映了排土场荷重的增加速度,而分带排土法(如用单斗挖掘机排土)则反映了在堆筑下一排土带之前边坡存在的时间。排土场荷重增加的速度对岩石的抗剪强度和排土场边坡的稳定性有重要影响。在排土生产能力和边坡断面一定时,排土带的宽度和排土工作线的长度可影响荷重增加的速度,调整好这些参数可改良黏土质岩石的固结过程,使岩石的强度有利于废石堆边坡的稳定性。

8.2 废石场稳定性计算

在进行废石堆的稳定性计算时,最主要的力学指标是抗剪强度。但废石堆内不同的排弃物以及不同位置的排弃物、基底岩土层等的抗剪强度是不同的,因此,为了评定废石堆岩石及基底接触面的抗剪强度,必须比较基底岩石、废石堆岩石以及二者接触面在不同正应力条件下的抗剪强度。

图 8 - 6 所示为某废石堆岩石及其基底岩石(片理性黏土薄层,其下为砂层)的强度曲线。由图可以看出,当正应力 $\sigma \leqslant \sigma'$ 时,排土场的滑动面通过沙层 3,因为沙层 3 的抗剪强度 τ 最低;当 $\sigma' \leqslant \sigma \leqslant \sigma''$ 时,排土场的滑动面通过片理性黏土 2,因为此正应力区间内其抗剪强度 τ 最低;当 $\sigma \geqslant \sigma''$ 时,排土场的滑动面发生在废石堆岩石 1,因为废石堆岩石 1 的抗剪强度 τ 最低。

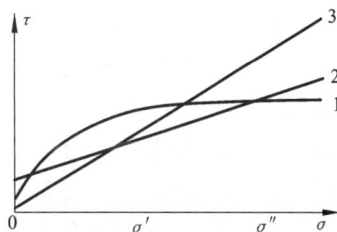

图 8 - 6 某废石堆及其基底岩石的强度曲线

1—废石堆岩石;2—基底的片理性黏土;3—沙层

本书第 4、5、6 章介绍的三种岩土边坡稳定性分析计算方法同样适用于分析和计算废石场边坡的稳定性。下面针对不同的废石堆滑塌模式阐述废石场稳定性分析计算中必须特别考虑的问题。当然,在工程实际中,废石堆及其基底的岩性、地质条件等是比较复杂的,远不止下列几种典型方案所概括,必要时应根据具体条件,将典型方案作适当变更,反复试算,寻求最好的解决方案。

1. 稳固基底的废石场稳定性分析

基底稳固的废石堆破坏主要是堆内物料滑塌。研究这类问题的最简单的方法是把废石物料看成均质、各向同性的散体材料,且内部各点的抗剪强度相同,破坏面为圆弧形滑面。

一般情况下废石堆内不同深度处的抗剪强度是不同的,故按上述方法分析计算废石堆内潜滑面的安全系数时,主要是寻找出抗剪强度的空间分布,并对不同的位置采用不同的抗剪强度值。另外，自然分级的结果使废石堆上部细沙多而下部粗粒多，因而上部的抗剪强度普遍低于下部。

废石堆内部破坏面不一定通过废石堆的最低坡脚，而可能在坡面某一高度上滑出。另外，如果性质不同的各种岩土是按倾斜分层分别排弃的，这些分层可成为强度减弱面，滑坡亦可能沿这些弱面形成。

孔隙压力在废石堆特别是软岩废石堆稳定中有重要作用。由于废石自重可使废石堆内部一定深度以下的物料变为岩土－水双相状态，因黏土质岩土的渗透性差，常可在废石堆底部形成很高的孔隙压力，这对废石堆的稳定极为不利。

分析稳定基底的废石堆的稳定性时，难以像分析岩坡那样事先给出确定的潜滑面，而是需要预设多个可能的滑弧（如图8－7所示1，2，3，…，8）进行分析验算，以确定最危险的滑弧并按它来调整堆体设计。

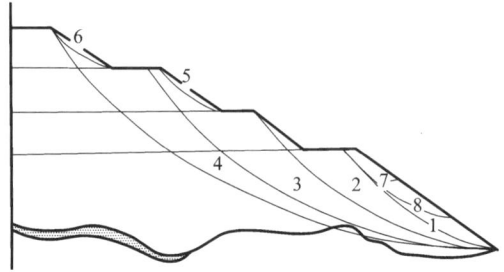

图8－7　稳固基底的废石场潜滑面分析示意图

2. 软弱基底的废石场稳定性分析

基底岩土的性质对废石场稳定性有重大影响。在堆筑外排土场时，泥煤田、沼泽地、湿润的低洼地等都是不稳定的软弱基底。对内排土场而言，层状岩层、塑性黏土和砂黏土质岩石组成的基底，当具有承压水时也是不稳定的；砂质岩和其他多孔性岩石组成的基底，可防止废石堆下层产生孔隙压力，并降低上层的孔隙压力，有利于废石堆稳定。

软弱基底的废石场稳定性分析必须同时验算基底稳定和堆内物料稳定这两种情况。基底岩石和软弱层强度应通过剪切试验确定，并考虑到由孔隙压力作用和压实固结作用引起的强度变化。废石堆物料的抗剪强度计算，当物料为坚硬和中等坚硬的废石时，其内摩擦角可取自然坡角、内聚力可不考虑；当物料是黏土质废石时，其抗剪强度用剪切试验确定。

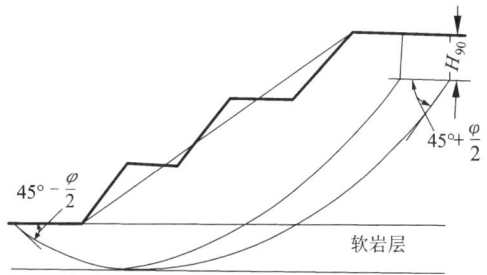

图8－8　软弱基底的废石场潜滑面分析示意图

采用极限平衡法计算时，可按图8－8选取3~4个滑动面进行试算，取稳定系数最小者为最危险潜滑面。滑动面上部始于废石堆顶部台阶表面（坡顶面），且与水平面成$45° + \dfrac{\varphi}{2}$交角；滑动面下部从离坡脚一定距离的基底面穿出，且与基底面成$45° - \dfrac{\varphi}{2}$交角；滑动面通过基底岩层的深度取决于软弱岩层的厚度，滑动面的反坡仅在基底内存在。

3. 倾斜基底的废石场稳定性分析

如果废石场的基底是单一岩层的倾斜基底，则滑动面可能为废石堆与基底的接触面。如果接触面的粘结力为零，则极限平衡条件为接触面倾角β不大于接触面的内摩擦角，即$\beta \leqslant \varphi_j$。

倾斜且基底稳固的废石场的破坏面由上、下两部分组成：上部位于废石堆内且倾角大于内摩擦角，下部与接触面（基底面）重合，如图 8-9 所示：

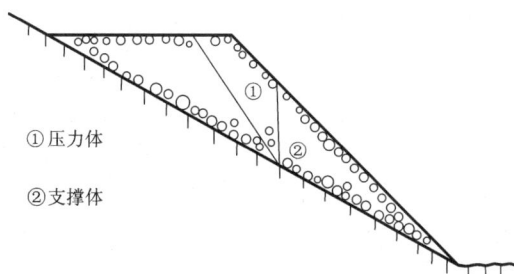

① 压力体

② 支撑体

图 8-9 倾斜稳固基底的废石场稳定性分析示意图

破坏面将废石堆物料（即滑动岩土体）分为压力体与支撑体两部分，稳定性分析计算时采用"不平衡推力传递法"求算。计算中，不同的人对计算条件往往作不同的假设，如果假定粘结力为零，那么可能的滑动面将通过废石堆坡顶面，且上部滑动面倾角为 $45° + \dfrac{\varphi}{2}$，同时，压力体与支撑体的分界面为直立面，分界面上的反力方向为水平向或平行于压力体底面或平行于支撑体底面。

8.3 废石场稳定化措施

废石场稳定化就是保证生产期间废石堆的稳定，使排土工作安全顺利地进行；从长远看就是要保证废石堆下方工业与民用设施的安全，并提高排土场容积的有效利用率。

废石场稳定化措施主要是合理调整排土岩性的分布、疏干基底地下水并引出地表水、对废石堆基底进行工程处理以及选择适当的排土工艺等。

1. 合理调整排土岩性分布

根据废石堆岩土的抗剪和抗压强度试验资料及其岩性组成的变化规律，当坚硬岩块中黏土等软岩含量不超过 25% 时，其强度及压缩性保持不变，因而对废石堆稳定性不产生严重影响。而当细颗粒含量超过 30% 时，对废石场边坡的稳定性有很大影响，因此，对软岩或表土应实行分排或软岩与坚硬岩石混排，避免由于集中排放软岩形成软弱带引起滑塌。

底层应堆排渗透性好、不易水解的大块岩石，如大块砂质岩石，形成透水层；上部则排放细粒和黏土质岩石，形成隔水层。这样，既有利于废石堆中的水迅速而有效地自排，又避免了底层堆积黏土质岩土其承载能力和抗剪性能差，引起的软弱带滑塌。

为了防止坡面冲蚀作用，应在排土终了前将坡面加盖一层一定厚度的新鲜、坚实、大暴雨也不致冲走的大块物料（块度最好在 10 cm 以上）；或者在终排后对坡面进行复垦绿化，防止水土流失。

2. 疏干排水

疏水处理包括地表截水排洪、疏排堆内含水和基底地下水。

在距废石堆上部边缘挖掘排水沟，进行截流和排洪，截排排土场范围以外的地表水；营建3°~5°的防渗反向坡，防止张裂缝以远的水体注入张裂缝；用推土机整平废石堆表面，减少废石堆表面的雨水积聚与渗入；排除基底接触面积水；有时在距废石堆底角处挖掘排水沟，使地表水迳流不致于浸蚀废石堆底角而造成底角岩石风化。

废石堆基底的疏干可用横向排水沟，沟内安装排水管，并用破碎砾石回填，排水管将边坡底部的水引至总排水沟或贮水池；横向排水管随排土工作的推进而增长，每条排水沟可疏干30~40 m宽的地带。排土后，排水沟因大块岩石自然滚落而被充填，但大块间有较大空隙，因而能迅速导出浅部的地下水和废石堆下渗的大气降水，防止下渗水的积聚或沿基底面大面积漫流。这种排水沟还破坏了基底面的平整性，排土后又因被大块岩石充填，因而增加了排弃物与基底面之间的摩擦作用，甚至起到挡土墙作用，有助于废石堆稳定。

3. 基底处理

首先必须查清基底的工程地质与水文地质条件，包括表土物料的力学性质、浅部岩体的结构构造、基底内部地下水情况，分析可能引起滑塌的因素，因地制宜地选择稳定基底的工程处理方法。

对山坡地形的弱岩，排土前可用推土机推成2~3 m宽微倾向山体（即与坡面反倾）的台阶，以增强基底的抗滑能力。对平整或缓平的基底，可用爆破法在弱岩上造"鱼鳞"式或"棋盘格"式的坑，使之形成凹凸不平的抗滑面。

在排土场底角等基底风化严重地段或坡积物较厚地段，挖掘人工槽，增加物料与基底接触的抗滑能力。在土坡等松散基底内部，预埋一定数量的抗滑挡墙，增加土坡的抗滑强度。这些挡墙可以是用于疏水的、被大块岩石充填的、平行废石堆的横向排水暗沟。

在倾斜稳固的基底表面覆盖有薄的黏土等力学性质弱的物料时，应将其剥离清除，回填坚硬大块物料作底衬；当没有这些覆盖物时，亦可用爆破法或机械法疏松基底岩石，以增大底面摩擦力。

对尚未出现滑体而又不稳定地段的基底的预处理方法是：每隔一定距离挖掘一定宽度的横向条带沟，沟深至底部坚硬岩土，挖出的黏土倒推至废石堆坡脚对侧；排土过程中大块滚石首先把沟填满，当排土覆盖该沟时，便成为排渗暗渠，又相当于一个预埋的"挡墙"；当排土越过该沟施加载荷于沟前黏土时，又会出现基底不稳定，届时再挖掘下一个条带沟。

4. 合理选择排土工艺

在掌握废石堆及其基底的沉降移动规律基础上，选择适当的排土工艺，可以调节废石堆及基底的受力状态和受力变形过程，控制边坡变形，实现安全生产。

（1）排土工作线

排土工作线推进速度取决于废石堆及基底土层的压实速度，且一般应低于压实速度。当基底为渗透系数很小的饱水黏土质岩石时，其压实速度很小，工作线推进速度很难"低于压实速度"，这时，可加速推进工作线，使推进速度超过基底岩石塑性移动的速度。

为避免在排土场的同一区段集中排土造成排土线推进速度太快而引起局部边坡剧烈变形，可把排土场分成两个区段：排土区段和备用区段。新堆置的废石堆沉降变形速度快，当超过一定界限时，就可能影响排土设备的作业安全，这时需要暂停排土，让变形区逐渐稳定下来，而起用备用区段进行排土作业。于是，在同一个排土平台可以按不同区段实行间歇作业。

在排土线长度一定的条件下，通过增加排土场高度以降低排土线的推进速度，亦可明显使基底压实而减小孔隙压力值。

在基底岩石承载能力很低的情况下,为了防止滑塌,要合理选择第一台阶(下部台阶)的高度并滞后堆置第二台阶,这便形成了宽度较大的超前排土台阶。超前堆置的排土台阶起到稳固基底(压实或形成抗滑挡墙)的作用,从而有可能使主体废石堆的高度增大。超前排土台阶可用汽车、推土机和索斗铲堆置,一般高为 15 ~ 25 m。堆置超前排土台阶必须使基底得到压实,否则,这种方法不仅降低排土效率,而且起不到防止滑坡的效果。

(2)排土设备

采用挖掘机排土时,如果基底岩石软弱,基底软岩有可能压出,废石堆伴随有明显变形,这时应先堆筑下部分台阶和支撑岩脊,以保证设备的安全。挖掘机排土时,排土场和基底饱水黏土质岩石的固结过程是很慢的,应尽量增加排土线长度和台阶高度以增加岩石强度。宜采用推土机超前堆筑不高的废石台阶,从而增加挖掘机排土台阶高度。

在堆筑普氏系数小于 8 ~ 10 的砂质和坚硬的岩石时,若采用迈步式吊斗挖掘机排土,则宽阔的排土带可改善废石堆上铁路线的运行条件,由于运输与排土设备工作安全,因而降低了对岩石稳定性的要求。

排土犁排土对排土台阶边坡和基底的稳定要求更严格,因为即使边坡变形不大也会破坏排土工作线的作业,应根据边坡及基底的稳定条件确定排土犁废石堆的高度。与挖掘机相比,排土犁排土增加了调整基底饱水黏土质岩石固结过程的工艺可能性。

采用推土机或前装机排土,其运输和设备灵活,能独立作业,同时对基底和边坡条件要求低,可依具体的工程地质条件,调整固结过程。

在变形破坏地段采取压坡脚排土措施,可以消除或部分消除不稳定因素,压脚高度应视变形发生的部位与变形强度等情况统筹考虑,台阶宽度不但要考虑上述因素,而且应以利于汽车的往返并截拦上部的滑塌物料为原则。这种侧向叠加式排土能有效地减缓废石堆总体边坡角,并起到良好的支撑与稳坡作用。

候台子排土场北侧失稳地段通过 135 m 标高压坡脚,使变形"鼓肚"的解体得到抑制,废石堆的变形破坏得到根本控制,边坡整体稳定性系数较压脚前提高 0.19,达到 1.292,见图 8 – 10。

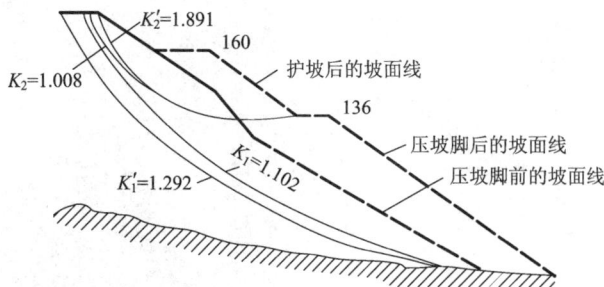

图 8 – 10 候台子排土场压坡脚及上部增排稳定措施

以压坡脚为背景进行上部增排,对边坡上部的变形控制会取得满意的效果。计算表明,候台子排土场能实现变形段的 160 m 标高护坡排土,可使边坡上部变形得到控制,稳定性系数提高近 1 倍,即由 1.008 升至 1.891,见图 8-10。

废石堆稳定受许多因素的影响,必须抓住主要因素,采取综合治理措施,才能获得满意的效果。同时,要了解废石堆的稳定性以及选择、评价和修改稳定化措施,有必要建立位移、水文等监测系统。

8.4 矿山泥石流及防治

8.4.1 泥石流概述

1. 泥石流概念

泥石流又称泥石洪流或山洪泥流,是山地沟谷(沟槽)或山区河谷中,由暴雨、冰雪融水等激发的、暂时性急水流与大量土石相互作用的特殊洪流现象。这种物理地质现象的特点是发生突然、过程短暂、结束迅速、复发频繁等。

泥石流流动体主要由固体土石与液体水两相物质所组成,而固体物质含量有时超过水体量,它是介于滑坡、流动等斜坡土石体移动与挟砂水流搬运之间的过渡类型。泥石流以其强大的冲刷力和急速的流体搬运形式,致使地面景观发生巨变,在其整个流域内给人类建设和其他活动带来巨大灾难。

1970 年,秘鲁瓦斯卡兰山爆发泥石流,500 多万 m^3 雪水夹带泥石,以 100 km/h 速度冲向容加依城,造成 2.3 万人死亡。1985 年,哥伦比亚鲁伊斯火山泥石流,以 50 km/h 速度冲击了近 3 万 km^2 土地,阿美罗城变为废墟,造成 2.5 万人和 15 万头家畜死亡,13 万人无家可归。

2009 年 8 月 8 日,第 8 号台风"莫拉克"横扫台湾全境(详见图 8-11、图 8-12),造成台湾 50 年来最严重水灾和巨大损失,其中高雄县甲仙乡小林村 9~18 邻被台风暴雨引发的山崩和泥石流夷为平地(详见照片 8-1~8-4),仅山坡上十多户民宅幸免于难,导致该村169 户民宅淹没,398 人被活埋,另有 24 人失踪。这次台风还使高雄北部的那玛夏乡民族村也遭受泥石流重创,并有近 20 人罹难。

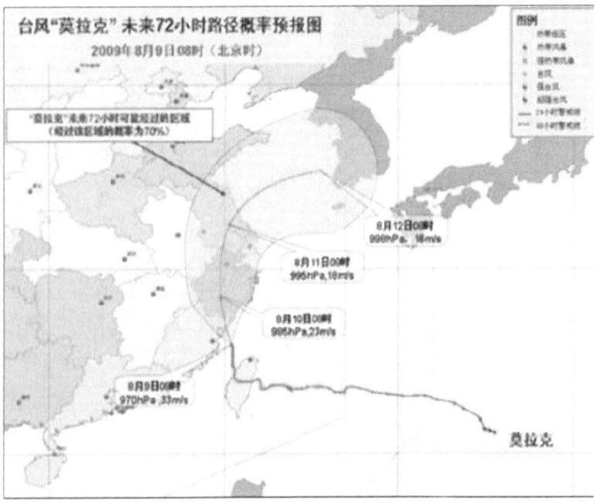

图 8-11 莫拉克台风预报图

图 8-12 莫拉克台风云图

照片 8-1　泥石流前小林村俯瞰图

照片 8-2　泥石流后小林村俯瞰图

照片 8-3　泥石流后小林村俯瞰图

照片 8-4　泥石流后小林村俯瞰图

　　2010 年 8 月 8 日凌晨 1 时许，甘肃省甘南藏族自治州舟曲县，强降雨（降雨量达 97 mm）引发特大山洪滑坡泥石流（见图 8-13、图 8-14，照片 8-5~8-7），泥石流由县城北面的三眼沟、罗家峪沟下泄至南面的嘉陵江上游支流白龙江，由北向南长约 5 km、平均宽 300 m、平均厚 5 m，总体积 750 万 m³，流经区域被夷为平地。冲出沟口的固体物质约 180 万 m³，堵塞白龙江形成堰塞湖，堰塞湖长 3 km、平均宽 100 m、水深 9 m，蓄水量约 150 万 m³。灾害造成 1479 人遇难、286 人失踪，约 2000 人的月圆村彻底消失，三眼村、春场村基本被冲毁，受灾人数约 2 万人、城区 4 万多居民断水，紧急转移安置 4.5 万人。目击者称："泥石流就像一堵厚厚的墙一样，高达 10 多 m，裹着一层白白的水雾冲了过来，速度比高速火车还快。"

　　舟曲泥石流灾害的成因主要是：地质地貌原因、"5.12"汶川地震震松了山体、气象原因、瞬时暴雨和强降雨、地质灾害的自身特性等五个方面。

图 8-13　泥石流灾害前后舟曲县城对照图（影像图）

图 8-14　泥石流后舟曲县城影像图

照片 8-5　泥石流流经河沟照片

照片 8 – 6　泥石流后舟曲县一隅

照片 8 – 7　泥石流后舟曲县一隅

2. 泥石流的分类

按物质组成分为泥流、泥石流、水石流。以黏性土为主，含少量砂粒、石块、粘度大、呈稠泥状的叫泥流；由大量黏性土和粒径不等的砂粒、石块组成的叫泥石流；由水和大小不等的砂粒、石块组成的称为水石流。

按结构类型分为黏性泥石流、稀性泥石流，如图 8 – 15 所示。黏性泥石流是含大量黏性

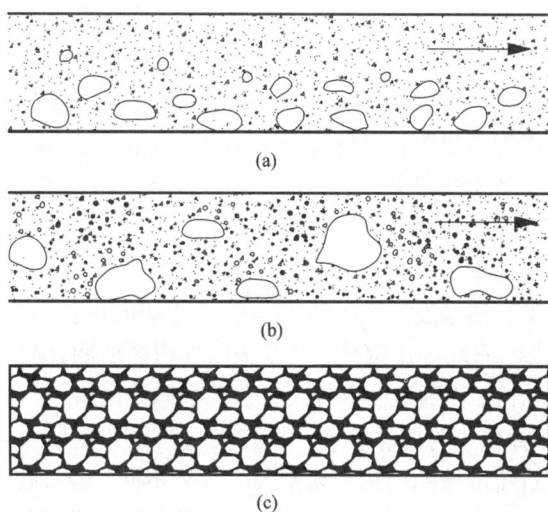

(a)

(b)

(c)

图 8 – 15　结构流变型泥石流

(a)稀性泥石流；(b)泥质黏性泥石流；(c)石泥质黏性泥石流

固体土粒与结合了分散细粒物质的水体所构成的泥石流或泥流，其特征是黏性大、稠度大，固体物质占40%~60%（最高达80%），没有自由水，其中的水不是搬运介质，而是组成物质，石块呈悬浮状态，暴发突然，持续时间短，破坏力大；稀性泥石流是水含量远远高于分散细土颗粒量的流体，以水为主要成分，黏性土含量少，固体物质占10%~40%，有很大分散性，绝大部分水呈自由状态，水为固相物质的搬运介质，石块以滚动或跃移方式前进，具有强烈的下切作用，其堆积物在堆积区呈扇状散流，停积后似"石海"。

按成因类型分为自然泥石流、人为泥石流、矿山泥石流。自然泥石流是特定的自然条件下产生发展的泥石流；人为泥石流是人类活动影响下形成的泥石流；矿山泥石流是人类活动中矿山采矿活动影响酿成的一种人为泥石流。

按动力作用分为：重力泥石流、水动力泥石流、复合泥石流。

以上是我国对泥石流最常见的几种分类，其他还有多种不同分类方法。如按泥石流的成因分类，有水川型泥石流、降雨型泥石流；按泥石流流域大小分类，有大型泥石流、中型泥石流和小型泥石流；按泥石流发展阶段分类，有发展期泥石流、旺盛期泥石流和衰退期泥石流等等。

3. 泥石流的形成条件

泥石流形成必须具备地质（松散物质）因素、水文气象（水源）因素和地形地貌因素三个条件。

（1）松散物质条件。在某一山地河流流域内，坡地或河床内必须有数量足够的泥石流固相物质——岩石破坏产物，没有大量的岩石破坏产物，就不可能形成泥石流。如地表岩石破碎、崩塌、滑坡等不良地质现象提供的松散物；岩层松碎、软弱、风化、破坏等提供的碎屑物；一些人类工程活动，如滥伐森林造成水土流失，采矿、采石弃渣等提供的堆积物。

（2）水源条件。即有数量足够的水体。水既是泥石流的重要组成部分，又是泥石流的激发条件和搬运介质，水流既对松散碎屑物质起片蚀作用，又使松散碎屑物质沿河床产生运移，松散碎屑物质一旦与水相结合，并在河床内产生移动，便确保了松散碎屑物质的动力来源。我国泥石流的水源主要是暴雨、长时间连续降雨、水库溃决水体等。

（3）地形地貌条件。地形上山高、沟深、坡陡、沟床纵坡降大，确保水土质浆体作快速同步运动；地貌上，上游形成区多为三面环山、一面出口的瓢状或漏斗状，且山体破碎、植被生长不良，有利于水和碎屑物质集中；中游流通区多为狭窄陡深的峡谷，纵坡降大，使泥石流能迅猛直泻；下游堆积区多为开阔平坦的山前平原或河谷阶地，使冲积物有堆积场所。地形地貌条件决定着泥石流的规模与动力状态。

4. 泥石流的基本特征

泥石流的基本特征是突然暴发，浑浊的流体沿着陡峻的山沟前推后拥、奔腾咆哮而下，在很短时间内将大量泥砂、石块冲出沟外，在宽阔的堆积区横冲直撞、漫流堆积。

典型的泥石流由补给区、流通区、卸荷区三个基本地貌区组成。

（1）泥石流补给区。提供水与固体物料、具有大量松散岩屑或土类堆积物的区域，亦称泥石流形成区。由于泥石流流域的结构和切割程度各有不同，岩石破坏产物及其重力堆积物构成区的位置又有差异，固体物料补给区可能散布于汇流区的各种坡地，也可能集中分布于一个小区域内，如矿山排土场废石堆。

（2）泥石流流通区。亦称泥石流搬运区。一般地说，搬运区内的泥石流呈现有河床型运动，因而大都无固体物料补充，有的有底部、两岸冲刷、沟刷以及谷缘物质运移产生补给。流通区通常是有一定长度、两岸高耸的稳定河床段，泥石流在流通区内流速最大，因而破坏力和冲击力均最大。流通区的特点是纵坡足以使泥石流冲出物作输流运动，因此区内无大量的冲出物堆积。

（3）泥石流卸荷区。大量泥石流冲出物堆积区，亦称泥石流堆积扇。卸荷区顶端是由陡变缓的坡地"转折"处，中间是支流沟谷汇入高一级沟谷的河漫滩阶地或超河漫阶地处的出流端，末端是稳定的河床段，也是泥石流能量损失的顶端。

5. 泥石流的运动特征

泥石流体为浆体介质，故其流态与泥浆流态相似。但泥石流体在运动过程中由于受石块强烈干扰，故其流态难以保持真正的层流和典型的紊流，变成为塞流（包括塞流到层流的过渡段）、层流、过渡流和紊流四类，把它们分别命名为滑动流、蠕动流、扰动流和紊动流。紊动流与挟沙水流大体相同。蠕动流是一种似层流，流线大致平行，流层间无明显的交换，表面比较平静。扰动流是介于紊动流和蠕动流之间的一种特殊流态，也是黏性泥石流中最常见的一类流态。泥石流体中挟有大量石块，运动时流速由底部向表面递增，石块上、下两侧出现压力差，当压力差大于泥石流体作用在石块上的总摩擦力时，石块便顺着流向转动，并承受上浮的分力作用。石块粒径不同，转动幅度、速度也不同，从而出现大小石块彼此发生猛烈撞击、石块翻滚、泥浆飞溅现象。滑动流相当于塞流或处于塞流与层流之间的不完全层流，主要特点是，流体上部有一个无相对位移而结构稳定的流核，流核与床面之间有一个流通梯度较大的流动层。这种流态宛如流核沿沟床作滑动。

6. 泥石流的分布特点

我国泥石流的分布，明显受地形、地质和降水条件控制，特别在地形条件上表现得尤为明显。

（1）我国泥石流集中分布在两个带上。一是青藏高原及其次一级高原与盆地之间的接触带；二是上述高原、盆地与东部低山丘陵或平原地区的过渡带。

（2）在上述两个带中，又集中分布在一些深大断裂、大断裂发育的河流沟谷两侧。这也是我国泥石流密度最大、活动最频繁、危害最严重的地带。

（3）在上述构造断裂带中，又往往集中在板岩、片岩、片麻岩、千枚岩等变质岩系和泥岩、页岩、泥灰岩、煤系等软弱岩系以及第四系堆积物分布区。

（4）泥石流的分布还与大气降水特征密切相关。高频率泥石流主要分布在气候干湿季明显、较暖湿、局部暴雨强大、水雪融化快的地区，如云南、四川、甘肃、西藏等，而东北和南方地区发生泥石流的频率相对较低。

8.4.2　矿山泥石流

1. 矿山建设促进泥石流发展

矿山泥石流是人为泥石流中的一种，形成条件与一般自然泥石流相似。但矿山建设为泥石流形成创造了条件，促进了泥石流发展。

（1）产生并加速松散物质积聚

露天矿剥离工程，坑采矿探矿、开拓、采切等掘进工程都产生大量废石，这些废石都集中或零星堆积在地表，是矿山泥石流中松散固体物质的重要来源。

固体物质的积聚与矿山规模、采矿方式(露采或坑采)等有关。一般地说,矿山规模越大,基建和剥离、掘进等产生的废石量越多,发生矿山泥石流的可能性和危害性也就越大;露天采矿剥离的废石比地下开采掘进的废石多,松散固体物质积聚更迅速,更易暴发泥石流。

矿山尾矿库是选厂尾矿的堆放场所,尾矿粒度细、粘性小,但数量大、积聚速度快,一旦失事,便酿成规模巨大的灾害性泥石流。详见本书"第9章 尾矿坝稳定性分析"。

矿山基建和修筑公路也产生大量弃土,且往往就近积聚弃置,影响山坡稳定性,并可能导致泥石流。

(2)改变补给水源

矿山(尤其露天矿)建设严重破坏植被,改变了地形地貌结构,显著降低了地面调节雨水的能力,缩短了汇流时间,增大洪峰流量和洪水总量,从而增大了暴发泥石流的可能性。此外,剥离或掘进废石堆筑于沟谷内堵沟成湖,蓄积大量水体,形成堰塞湖。如四川泸沽铁矿将2万余 m³ 废石弃置于汉罗沟内,形成两座堆石坝,1972年5月14日一场暴雨,聚水成湖,湖水猛涨,坝体突然溃决,形成稀性泥石流,下泄过程中有沟床老泥石流堆积物不断加入而变成强大的黏性泥石流。

(3)改变局部地形地貌增强动力条件

矿山堆积的大量废石,使山坡变陡、地面高差增大,从而加强了侵蚀能力;沿沟谷两岸堆积废石,可挤压沟床减少过水断面,增大水深和流速,也就增强了洪水的动能和冲刷力;将废石倾入沟谷内,常堵塞沟道,使水石不断积聚,势能不断增大,堵塞体一旦溃决,强大的势能迅速转变为动能而暴发泥石流;在开阔地区堆积的大量废石,在渗透流和表面流作用下,有的直按形成泥石流,有的经滑动后转变成泥石流。

(4)土水融为一体

是排水不当引起土水融为一体,如江西铁坑铁矿桂山山坡型排土场汇水面积很小,却有四条排水沟流入排土场,暴雨径流顺沟而下直冲排土场,使废石充水饱和,在渗透流和表面流作用下,酿成大规模灾害性泥石流;其次,采用水力剥离而未采取适当的防范措施时,可能使土水融为一体,四川西昌太和铁矿曾在泡石头沟中由此而引发过泥石流;再次,尾矿砂直接排入江河或溃坝使土水融为一体,就尾矿的物质组成和动力学特征来说,本身就是一种"泥石流",规模虽小,但历时很长,其危害值得注意。

上述情况都有许多实例。1978年3月梅雨初期,江西永平铜矿西北部废石场发生的泥石流说明了第一种情况,大量废石高挂于山坡上,处于极限平衡状态,仅需很小的外力(如降雨激化、饱水液化和地震等)扰动,就会破坏平衡而引起泥石流暴发,故降小雨就出现了泥石流。云南因民铜矿二坑把大量废石堆置于大水沟下游右岸,使过流断面减小三分一,河道收缩,流速增大,侧蚀和下蚀能力加强而酿成了泥石流,这是第二种情况的例证。而前述四川泸沽铁矿的例子正好说明了第三种情况。第四种情况的一个例子是湖北铜录山铜铁矿和广东石菉铜矿剥离废石堆高约40 m,在表面流作用下,多次暴发过放射状的坡面泥石流,废石堆周围的大量农田和建筑物被淤埋。

2. 矿山泥石流机理分析

在上述四种矿山泥石流影响中,这里仅着重分析排土场废石这一固体物质补给源的泥石流即排土场泥石流的力学机理。

泥石流按动力作用可分为重力成因、水动力成因和复合成因三类。矿山排土场泥石流多属于重力成因，即当斜坡上积聚的大量松散固体物质吸收一定含量水分时，便转变为黏稠状流体，然后在重力作用下沿着斜面流动。在重力成因泥石流中，固体物质参与泥石流过程有两种不同的方式：一是积聚在较陡斜坡上的松散固体物质充水后直接转变为泥石流，称为"堆积物渗水型泥石流"；二是由其他重力作用（如滑坡、坍塌）转变为泥石流，称为"滑坡型泥石流"。

（1）渗水型泥石流

排土场泥石流的产生与岩土的物理力学性质有很大关系，尤其是岩土中的高岭土、滑石、蒙脱石、伊利石、三水铝石等矿物，具有很强的水化性（水质呈强酸/碱性时，水化性更强），遇水后具有明显的分散性和膨胀性，正是这种膨胀力促进了排土场泥石流的产生。

水对排土场岩土的作用分静水作用和动水作用，静水作用降低了岩土体的抗剪强度即 c、φ 值，增加了岩土颗粒间的润滑性；动水作用使岩土体被冲刷和贯通，降低了排土场的整体稳定性。当降雨强度小于松散岩土的稳定入渗值时，松散土体未饱和而仍能处于稳定平衡状态；随着降雨强度达到或超过松散岩土的稳定入渗值后，上部松散岩土饱和或过饱和，强度急剧下降而失去平衡，开始向下蠕动并逐步演变成泥石流。渗水型泥石流主要发生在新排弃的、含黏土量大的排土场上部或边坡凸出部分，规模一般为中、小型泥石流。

（2）滑坡型泥石流

坍塌、滑坡直接转变为滑坡型泥石流的形成分两个阶段：滑坡阶段和流动阶段。在滑坡阶段，滑体沿一个或几个独立的剪切面滑动，且滑动变形有限；而在流动阶段，泥石流体则沿无数个剪切面运动。

高台阶排土场坡面较陡，滑坡时不仅直接补给泥石流丰富的固体物质，而且在空中有一段自由落程，滑体释放的势能绝大部分转化为动能，促使滑坡高速度运动，并在动能自我消耗的基础上形成类似黏滞性流体的碎屑流。黏滞流体中的固体颗粒彼此频繁撞击，使颗粒及相邻滑移层间有动量交换，而流体中的固体颗粒呈分散体系，并且有弥散压力，此时，如果有足够的雨水渗入且散体中存在一定比例的泥石母岩（如黏土、风化岩），发生水解后与硬岩块及水相混合形成似液态的浆体，在滑坡动能作用下，进一步促使滑坡向流动转化，酿成泥石流。

在滑坡向流动转化过程中，和水一样，泥石母岩起着举足轻重的作用，主要表现为：水解后与水和硬岩相混合形成似液态的浆体，在流动过程中，几乎完全丧失抗剪强度；另外，也把黏度传递给泥石流体，使其具有整体流动特性，且可支承泥石流体中一定块度的岩块在其上漂浮。

排土场局部部位明显存在弱面，内部水压力较高，遇短时强降雨和震动等外力作用下，极易产生滑坡型泥石流。

综上分析二类泥石流的成因条件，重力成因泥石流的形成机理可归结为两个内容：一是土体过度充水；另一是土块的内应力增大，以致大于极限剪应力，即 $\tau > \tau_0$。

（3）水动力成因泥石流

滑坡、坍塌形成了大量的松散物料堵塞在汇水多的沟谷地带，经动水冲刷作用形成泥石流，即水动/压力成因泥石流。它与滑坡型泥石流的区别在于滑坡没有直接形成泥石流，后经水流冲刷和浸蚀作用才形成泥石流。欲使坡地上静止的固体颗粒转变为流体，水流体的动

力 P 必须大于固体颗粒的总阻力, 即坡地固体颗粒产生滑移的条件为:

$$P > Gf\cos\alpha \qquad\qquad (8-3)$$

式中: G——固体颗粒(颗粒堆)重量;

α——固体颗粒(颗粒堆)所处的坡面坡度;

f——坡面摩擦系数。

某研究断面处的水流体动力是否足以引起片蚀作用, 取决于坡地上以流速 v 流动着的流水层厚度 h, 即 $P = f(h, v)$。这类泥石流形成机理受控于暴雨地表迳流, 因此, 受地表水作用或汇水面积很大的矿山排土场才有可能暴发这类泥石流, 而不受地表水系影响的排土场较少发生此类泥石流。

8.4.3　矿山泥石流防治

1. 矿山泥石流预测预报

泥石流预测预报包括时间空间预报和规模特征(流速、流量等)预测。尽管泥石流预测非常重要, 但无论是时间、空间预报或规模、特征预测均以经验为主, 理论和模型研究非常浅薄。主要有两个原因: 一是没有对各种成因类型泥石流的形成过程和形成机理作出深入研究; 二是缺乏适当的定量数据。为此, 泥石流预测预报应进行如下调查和研究工作:

(1)在典型的泥石流沟进行定点观测, 力求获得泥石流的形成与运动参数;

(2)调查潜在泥石流沟的有关参数和特征;

(3)加强水文、气象预报工作, 特别是月降雨量超过 350 mm、日降雨量超过 150 mm 的局部暴雨预报;

(4)建立泥石流技术档案, 特别是大型泥石流沟的流域要素、形成条件、灾害情况及整治措施等资料应逐个详细记录;

(5)划分泥石流的危险区、潜在危险区或进行泥石流灾害敏感度分区;

(6)开展泥石流防灾警报器研究及室内泥石流模型试验研究。

矿山泥石流的空间预报需要弄清排土场废石堆所在处的地形条件、地质(水文地质、工程地质、环境地质)条件和水文气象条件, 评价它们在水的作用下产生泥石流的可能性; 推断泥石流的运动路线和泥石流冲出物堆积区及其堆积面积, 同时还必须估算泥石流本身的特征值(流速、流量等)。

在许多情况下, 对研究区内曾暴发的大量泥石流作出统计和分析后, 如能确定泥石流形成时的临界降水量, 便可较准确地确定泥石流危险期, 从而实现泥石流的时间预报。

泥石流均发生在降水过程中或以后某时刻。泥石流的发生不仅是当场降雨的作用, 前期降雨也有很大影响, 前期降水量是泥石流形成的潜在因素, 故应把排土场前期含水量和当场降水量作为整体因素考虑。排土场前期含水量(即前期降水在废石场岩土中的持有量)可用前期实效雨量间接表示; 由于泥石流暴发多出现在降水过程的峰值附近, 所以当场降水量可用降雨强度(即峰值降雨量)直接表示, 而峰值降水的时间相对较短, 通常只有数分钟或数十分钟, 一般认为泥石流的激发因素是 10 min 或 1 h 降雨强度。

根据现场观测统计资料, 把排土场滑坡和泥石流等破坏的当场降雨量、总实效雨量 I_a、10 min 降雨强度 I_{10} 或 1 h 降雨强度 I_{60} 绘制成图 8 - 16 所示的 $I_{10}(I_{60}) \sim I_a$ 关系图, 作出泥石流暴发的暴雨临界线、暴发线及相应的暴发区、过渡区和不暴发区。临界线是指在一定的前期降雨条件下，泥石流暴发所要求的 I_{10} 或 I_{60} 的最低降雨强度线；暴发线是指在一定的前期降水条件下，以往历次泥石流暴发时 I_{10} 或 I_{60} 的实际降雨强度线；临界线以下为不暴发区，降雨量在该区域内时一般不会发生泥石流；暴发线及其以上为暴发区，暴雨强度在该区域内时一般都暴发泥石流；临界线与暴发线之间为过渡区，该区域内降水能否引发泥石流决定于排土场废石的岩性、排土工艺等因素，岩土强度低、黏土含量大、存在软弱夹层等都可能暴发泥石流。

图 8 - 16 所示的预测图是在对研究区内以往历次泥石流暴发时的降水资料进行统计分析后获得的，由于未考虑地质地貌条件以及松散岩土性质的影响，故这种预测是单因子的、有缺陷的。

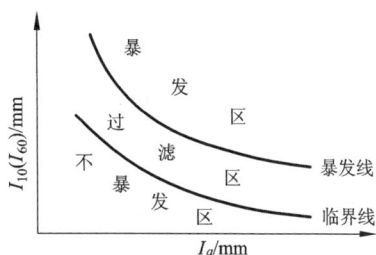

图 8 - 16　泥石流预测 $I_{10}(I_{60})\sim I_a$ 关系图

2. 矿山泥石流防治

泥石流防治必须针对其不同的形成条件、形成机制、性质类型，以及流域内不同地质环境、防护对象等区别对待。在防治的具体工程措施上，首先应实施防止泥石流形成的措施，主要是采取水土保持及稳坡措施，以保持排土场废石及其他松散破碎岩土的稳定，从而减少甚至消除泥石流固体物质补给；如果泥石流的形成不可避免，就必须消除形成泥石流的水文条件，如采取专门的水利工程设施来稳定和加固河床，削弱泥石流活动，进行泥石流工程整治，以便直接保护居民区、铁路或公路以及其他国民经济设施免遭泥石流危害。

防治斜坡失稳的措施在其他章节已有论述。这里特别强调两点：一是正确选择排土场场址，应选择地基稳固和有利于废石堆稳定的坡地，避开降水汇集区和水流量大的沟谷地带；二是保护与营造植被（包括森林、灌丛、草本等植被），这是防治坡地泥石流（有时亦是河床泥石流）的一项基本而又长期的措施。森林和灌丛能阻挡松散碎屑物质（即水蚀物质）不再继续向下游运动，使其丧失流速、消除能量；植被是降水和迳流的有效缓冲体，可以调节地表迳流、渗流，改善坡地或河床内水情，增强土壤吸水能力，预防侵蚀作用，防止坡面冲刷。

水利工程设施对防治泥石流的作用主要是：

①在保护对象的上游稳定河床，拦挡泥石流冲出物；

②从保护对象中排走泥石流；

③放过流经保护对象的泥石流；

④保护河床免遭冲刷和淘刷；

⑤保护建筑物免遭泥石流冲击。

防治泥石流的水利工程设施主要有：拦流建筑物；导流（过流、排流）建筑物；固床建筑物和防护建筑物。下面概要介绍这些建筑物的布置和作用。

（1）拦流建筑物

在拦流建筑物中，单一拦流挡坝（横坝）和拦流挡坝群用得最为普遍。主要用以横断（人为隔断）流域内泥石流搬运（流通）区的河床，以拦截上游的固体冲出物。一般来说，挡坝修建处的河床及两岸的工程地质条件应该良好，以保证河床本身及挡坝稳定，同时，河床条件也应容许堆积被拦挡下来的大量泥石流冲出物。挡坝设计应使泥石流不绕过挡坝，坝高及其构件一方面取决于河床条件、河床内过境泥石流的特征以及泥石流流变类型；另一方面还取决于挡坝的重要程度、给定的泥石流拦挡参数和施工条件。

单个挡坝是一种拦挡泥石流冲出物的简单设施，起着消极的防护作用；而修建于某一河床段内的挡坝群能收到更好的拦挡效果。挡坝群不仅起消极的拦挡作用，而且又是积极的泥石流防治建筑物，用来稳定流域内的河床和削弱泥石流活动。挡坝群除直接拦挡大量泥石流冲出物外，还形成拦挡段河床的新纵坡(图 8 – 17)，使原来的陡峻河床变得较为平缓，从而使泥石流输移运动减缓。如果这些梯级挡坝配置恰当，甚至可以使泥石流活动完全停止。

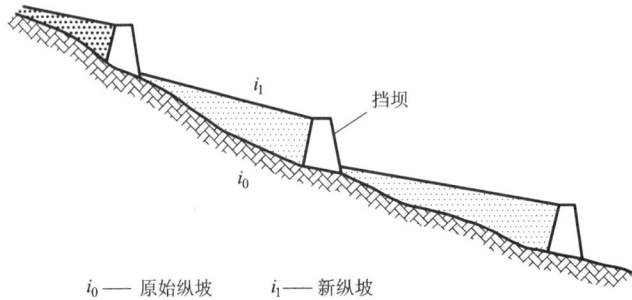

i_0—— 原始纵坡 i_1—— 新纵坡

图 8 – 17   挡坝群纵坡变缓示意图

有时为了保护铁路桥梁、公路桥梁免遭泥石流冲出物淤埋，会在其上游修建拦沙坝，使泥石流流速减缓，并迫使泥沙堆积于桥位上游。拦沙坝一般与桥梁平行。

(2) 过流、排流建筑物

从线性建筑物(铁路、公路等)与河床交叉处过放泥石流(过流)，以及从平面设施(居民区等)中排走泥石流(排流)也是泥石流防护工程的重要方面。因过流与排流的基本措施和建筑物一致，这里只讨论过流的措施及建筑物。

根据地形地貌条件、工程地质条件、保护对象的重要性以及泥石流性质和规模不同，可在保护对象之上、之下或同一高度过放泥石流。确定过流建筑物的结构外形和过流口尺寸，必须遵循如下基本理论原理：

① 泥石流与水流具有本质差别。泥石流含有大量的固体物质，这些固体物质运动具有的惯性会力求在某一流向上作直线运动，从而在遇到障碍物(如桥墩)时，不像水流那样出现绕流性，而是产生对障碍物的冲击性。因此，线性建筑物的纵轴线与过流的动力线法线间的夹角不能太大，一般应小于8°～15°，这样既可避免泥石流冲出物对人工河床床壁的冲击作用，又可避免冲出物从泥石流中落淤下来而构成阻塞性石垄。

② 泥石流运动的整体阻塞性，使得泥石流最高阵流(极值)过境时的流量及线性尺寸(尤其是泥深)，与水流流量及水流线性尺寸，以及与每次泥石流的平均最大流量和平均最大线性尺寸相比，都有多倍的超量。因此需取极大值数据作为确定过流口尺寸的计算数据，确保过流口能够过放全部泥石流。经验表明，若泥石流泥深略高于过流口净高，倾刻会使整层泥石流停止运动，整个过流口被堵塞，并在过流建筑物上游侧形成泥石流阻塞体。

③ 欲使黏性泥石流下层不产生堆积及稀性泥石流内的粗粒级物质不产生落淤，以确保泥石流作整体输移运动，就得有固体物质运动时的极限剪应力 τ_0。因此，应保证泥石流流经

过流建筑物时具有相当的流速。

④ 在分析泥石流与过流建筑物及其地基的相互作用时，除考虑水流所固有的冲刷和淘刷作用外，还必须考虑泥石流的磨蚀(磨损)作用，以及建筑物构件遭泥石流固相物质冲击产生的机械损坏和破坏作用。

(3)固床建筑物

固床建筑物顾名思义就是保护河床床底和两岸免遭泥石流冲刷与磨损，但在许多情况下，却保护了分布在河床两岸的各种设施。固床措施和固床建筑物已广泛应用于泥石流工程防护实践中，其中最常用的是：

① 丁坝和丁坝群；

② 河床(支撑)潜挡坝、短堤；

③ 护岸工程、河床护底工程等。

丁坝是一种嵌入一岸的横向建筑物，常顺着流向并与河岸成一定的夹角，如图8－18所示。丁坝是一种综合性建筑物，同时起着护岸和排流(河床治理)两种作用。大多数丁坝和丁坝群用来把泥石流引向彼岸从而保护丁坝所在岸侧的设施。

河床(支撑)潜挡坝是在某些容易冲刷河段(如桥梁和其他一些重要的河床建筑物)上游用混凝土或石块修建而成的一种河床护底工程。

用浇灌方法修砌的混凝土或钢筋混凝土四面体与铺设的铅丝石笼的用途相同。铅丝石笼是铺盖河床床底的最简单设施。装满大石块的铅丝石笼有数吨重，可保护其铺盖段河床床底和两岸免遭泥石流冲刷与冲毁。

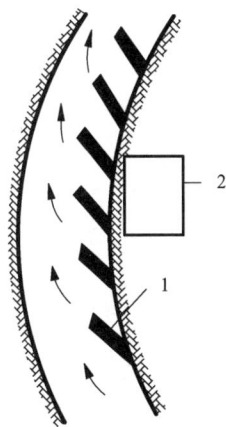

图8－18 丁坝配置示意图
1—丁坝(群)；2—需保护的设施

固床建筑物的使用成效完全取决于建筑物的规模是否与泥石流规模相适应，否则，无论大小都将遭受破坏且往往参与泥石流运动。

(4)防护建筑物

防护建筑物专门用来保护重要设施免遭泥石流动力冲击，包括各类泥石流挡流墙、挡流堤、挡流板和分流板等。挡流墙用于保护泥石流流路上的建筑物；挡流板布设于中间桥墩之上游不远处的河床，用于防护泥石流的冲击作用。

矿山泥石流与自然泥石流相比具有它自身的特点，其可控性强。因此，矿山泥石流防治宜采取以防为主，以治为辅，防治结合的方针：正确选择采矿方法和排土场场址，认真处理大气降雨和裂隙水对废石等松散岩土的侵蚀，注意维护边坡的稳定和加强生产管理，必要时再修建适当的泥石流防治工程，是能够控制矿山泥石流灾害的。

本章习题

1. 废石场滑塌破坏模式有哪些？

2. 影响废石场稳定的因素有哪些？

3. 如何分析计算废石堆稳定性？

4. 简述废石场稳化措施有哪些。

5. 何谓泥石流？如何进行分类？

6. 简述泥石流的基本特征和形成条件。

7. 简述泥石流的运动特征和分布特点。

8. 为什么说矿山建设促进了泥石流发展？

9. 分析各种矿山泥石流的形成机理。

10. 简述泥石流预测预报的内容及其调查研究工作。

11. 简述泥石流防治的工程措施。

12. 设计大型露天矿时，如何解决废石排放问题？

第9章 尾矿坝稳定性分析

9.1 概述

1. 尾矿坝及其分类

尾矿坝是以尾矿堆置为工程材料，以人工控制总体结构为工程结构的特殊构筑物，用以拦阻尾矿库内的尾矿料及废水，它是尾矿库最主要的构成部分。

尾矿堆积有干法堆积和湿法堆积两种，目前普遍采用湿法堆积形式。

按照尾矿堆积方式的不同，可分为上游式、中线式、下游式、高浓度尾矿堆积式和水库式尾矿堆积(尾矿库挡水坝)等多种。地震烈度为8~9度地区，宜采用下游式或中线式堆坝。

（1）上游坝

该法筑坝一般在沉积干滩面上取库区内粗粒尾砂堆筑高度为1~5 m左右的子坝，将放矿支管分散放置在子坝上进行分散放矿，待库内充填尾砂与子坝坝面齐平时，再在新形成的尾矿干滩面上，按设计堆坝外坡向内移一定距离再堆筑子坝。同时，又将放矿管移至新的子坝上继续放矿，如此循环，一层一层往上堆筑，如图9－1所示。

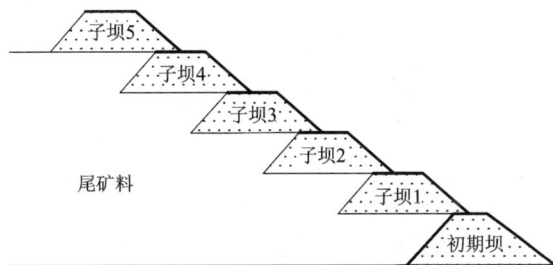

图9－1 上游式尾矿坝示意图

上游式堆坝的优点是工艺简单、占地少、便于管理、经济合理，因而被广泛采用，我国约85%以上的尾矿坝均采用该法修筑。主要缺点是容易形成复杂的、混合的坝体结构，致使坝体内的浸润线抬高或从坝面逸出，从而引起坝体产生渗透破坏或滑坡、滑塌，尤其在地震时容易引起液化，大大降低坝体的稳定性。

（2）下游坝

尾矿堆积坝在初期坝下游方向移动和升高，而不是坐落在松软细粒的尾砂沉积物上，采用水力旋流器分出浓度高的粗粒尾矿堆坝，粗颗粒($d_{50} \geqslant 0.074$ mm，200目)含量应大于70%，否则应进行筑坝试验。坝体可以分层碾压，根据需要设置排渗设施，渗流控制比较容易，将饱和尾矿区限制在一定的范围。下游式堆积坝如图9－2所示。

下游式堆坝的优点是坝体地基和稳定性较好，容易满足抗震和其他要求，尾矿排放堆积

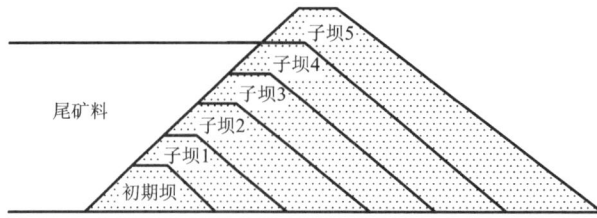

图 9 - 2　下游式尾矿坝示意图

易于控制。主要缺点是使用初期需要大量的粗粒尾矿筑坝，存在粗粒尾矿量不足；运行期坝坡面一直在变动，使得坝面水土流失严重；同时，占地面积和后期筑坝量很大，运行成本很高。

（3）中线坝

中线坝实质上是介于上游式和下游式之间的一种坝型，其特点是在筑坝过程中坝顶沿轴线垂直升高，尾矿堆积仍采用水力旋流器分级，和下游式筑坝法基本相似，但与下游式相比，坝体上升速度快，筑坝所需材料少，坝体的稳定性基本上具有下游式的优点，而其筑坝费用比下游式低。缺点也是因坝坡面一直在变动，使得坝面水土流失严重。中线式堆积坝如图 9 - 3 所示。

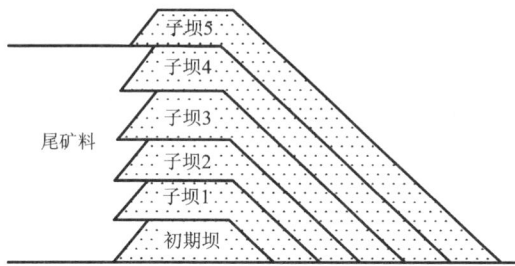

图 9 - 3　中线式尾矿坝示意图

（4）高浓度尾矿堆积坝

近年来，国外兴起了一种浓缩尾矿的堆积方法，它和传统方法不同，首先将尾矿浆浓缩到 50% 以上的浓度，由砂泵输送到尾矿堆积场的某一部位排放，由于高浓度尾矿成浆状或膏状，分级作用比较差，在排放口可以形成锥形堆积体，堆积体的坡度由矿浆的性质所决定。如加拿大一些矿山采用该法沉积体坡度为 6% 左右，实际上形成的尾矿堆场像干渣堆场一样。为了排放尾矿，需要修筑一些坡道，随着堆积体的增高，逐步抬高坡度。为了收集尾矿的离析水以及携带的少量细粒矿泥，在堆积区下游一定部位应建立尾矿水沉积池，沉积后的澄清水可以被回用。为了防止雨水冲刷及砂土流失，应设周边堤和排水沟。这种堆存方式适于在较大面积的平地或丘陵地区排放。

高浓度堆坝法在我国尚处于研究阶段。目前，应用这种方法的困难在于矿浆浓缩和高浓度浆体的输送，在技术经济上尚需作进一步研究。

（5）水库式尾矿堆积坝

该法不用尾矿堆坝，而是用其他建筑材料像修水库那样修建大坝。这种尾矿库和一般蓄水水库的工作条件基本相同，但坝前水位升降变化幅度较小，尾矿堆积逐步推进。

水库式尾矿库的大坝也称为尾矿库挡水坝，采用当地土石料或废石建坝，设计时按水工规范的要求进行，因而基建投资一般较高。适用于尾矿粒度过细不宜用尾矿修坝，或坝前排尾不经济或困难大必须在坝后放矿，或矿浆水对环境危害很大不允许泄漏，或其他特殊原因等情况。

2. 尾矿坝的主要特点

尾矿坝的筑坝材料、修筑工艺、服务功能等与一般的水工土石坝存在较大差异，主要表现为：

①修筑尾矿坝的目的是拦住库内的尾矿及废水，而一般水坝只用于挡水。

②尾矿分布非常复杂，从坝坡往库内，粒径、固结程度、坡度等都与排放工艺相关。

③尾矿坝大都为永久性建筑，设计时必须考虑闭库问题，包括生态环境、静力动力稳定等。

④尾矿库内表面以下一定深度的尾矿处于水土混合状态和欠固结状态，其抗剪强度为零或很低。尾矿坝主要是用于保护这部分尾矿堆积体的稳定性。该堆积体深度随尾矿料排放速率的增大和其渗透系数的减小而增大。这个深度越大，尾矿坝的稳定性就越低。某些尾矿坝就是由于排放速率过高而丧失其静力稳定性。

⑤尾矿坝作为一个结构体系，由坝基、初期坝、子坝及库内的尾矿堆积体组成。初期坝通常用碾压法修建，而子坝或是填筑或是冲填。通常子坝和尾矿堆积体处于较疏松的状态。处于疏松状态的饱和尾矿料对地震作用非常敏感，有些尾矿坝在地震作用下由于尾矿的液化而丧失稳定性。

⑥尾矿坝建设的最突出特点是分阶段修筑、筑坝期就是服务期。这种筑坝施工和生产使用合一的时间较长，少则几年，多则几十年，一般由矿山企业的选矿技术、生产部门负责实施，无法也无处请正规施工、监理队伍，但他们常常不熟悉土石坝有关的土力学、水力学、水文学等学科知识，需要坝工技术支持和服务。

⑦与传统的土石坝工程相比，尾矿坝设计方法及建造工艺都相对落后，筑坝材料特性研究有待进一步加强。

3. 尾矿坝的安全等级

尾矿坝是一种特殊的工程构筑物，尾矿坝失稳不仅影响矿山自身的生产安全，而且关系到周边及其下游居民的生命财产安危。尾矿坝垮塌造成的灾害事故，在我国时有发生，损失惨重，教训深刻。如 2008 年 9 月 8 日山西省临汾市襄汾县新塔矿业有限公司尾矿库溃坝事故，是一起特别重大尾矿库溃坝事故，也是迄今为止全世界最大的尾矿库事故，据官方公布数据，这次事故共造成 277 人遇难、33 人受伤、4 人失踪，省长引咎辞职，主管安全的副省长免职，县委书记和县长停职。因此，根据尾矿库的库容和尾矿坝的高度及其重要性，国家制定了尾矿坝(抗震)等级标准，见表 9 - 1。

表 9 - 1　尾矿库(坝)的(抗震)等级

等级	库容 $V(\times 10^8 \ m^3)$	坝高 $h(m)$
一	二级尾矿库(坝)具备提高等级条件者	
二	$V \geqslant 1.0$	$h \geqslant 100$
三	$0.1 \leqslant V < 1.0$	$60 \leqslant h < 100$
四	$0.01 \leqslant V < 0.1$	$30 \leqslant h < 60$
五	$V < 0.01$	$h < 30$

注:(1)库容 V 为该使用期设计坝顶标高时尾矿库的全部库容;

(2)坝高 h 为该使用期设计坝顶标高与初期坝轴线处坝底标高之差;

(3)坝高与库容分属不同等级时,以其中高级等级为准,当级差大于一级时按高者降低一级。

4. 我国尾矿坝基本现状

我国黑色、有色、黄金、化工、核工业、建材等行业的矿山每年产出尾矿超 3 亿 t,基本上堆存在尾矿库中,其中80%属于黑色、有色冶金矿山。这些库中最大设计坝高 260 m,超过 100 m 的有 26 座,库容大于 $1 \times 10^8 \ m^3$ 的有 10 座。坝高小于 30 m 的小型库约占80%,但20%的大、中型库的库容却占了全国总设计库容的80%。国内各行业主要矿山企业的尾矿坝统计结果见表 9 - 2。

表 9 - 2　国内主要矿山企业尾矿坝数量统计

行业	数量(座)	坝高(m)			病险坝率(%)
		< 30	30 ~ 60	> 60	
黑色冶金矿山	78	23	20	35	30
有色冶金矿山	193	88	59	46	39
黄金矿山	100	88	12		26
化工矿山	18	9	4	5	22
核工业矿山	15	2	9	4	
建材矿山	6	6			
合计	410	216	104	90	
比例		53%	25%	22%	

在生产中有不少尾矿坝已进入中、晚服务期,不同程度地存在着一些不安全因素和隐患。据有关统计资料显示,我国有色金属矿山正常运行的尾矿坝为50%,带病运行的达33%,超期运行的占9%,处于危险状态的占6%。上游式尾矿坝的安全隐患比重较大,详见表 9 - 3。

表9-3 国内主要上游式尾矿坝运行情况统计

矿山类别	尾矿坝总数 /座	正常运行坝数 /座（%）	病险运行坝数 /座（%）	超期运行坝数 /座（%）
黑色冶金	78	55（71）	16（20）	7（9）
有色冶金	149	77（52）	59（40）	13（8）
化工矿山	18	11（61）	4（22）	3（17）
黄金矿山	368	206（56）	99（27）	63（17）
合 计	613	349（57）	178（29）	86（14）

9.2 尾矿坝破坏模式及稳定性影响因素

9.2.1 尾矿坝破坏模式

对引起尾矿坝溃坝的各种因素进行分析，可归纳出尾矿坝溃坝的失事模式，如图9-4所示。

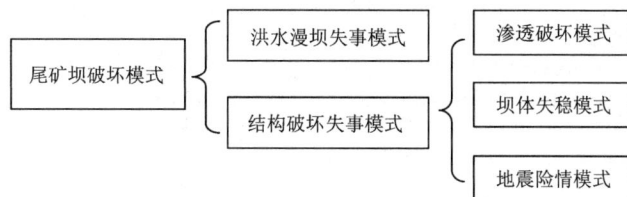

图9-4 尾矿坝破坏模式

1. 洪水漫坝

造成洪水漫坝的主要因素有：水文资料短缺造成抗洪设计标准偏低、泄洪能力不足、坝顶超高不足等导致洪水漫顶进而发展为溃坝，此外，施工质量、运行管理也直接影响着尾矿坝的抗洪能力。

由于尾矿坝的透水性低，正常情况下下游边坡无渗流逸出，坝体稳定；当洪水漫顶时，坝体及其表面颗粒受到水流冲刷产生的剪应力和拉拽力作用，若剪应力超过某薄弱

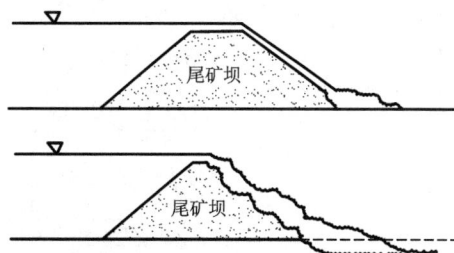

图9-5 尾矿坝的漫顶冲蚀过程

处的抗蚀临界值，冲蚀（侵蚀）过程开始于下游坝趾（主要是紊流引起的冲蚀）并向上游发展，如图9-5。当边坡很陡时，张力和剪力还将引起坝体的大块材料倒坍，加快整个冲蚀、坍塌过程。

2. 渗透破坏

渗透破坏是指渗透水流引起坝体的局部破坏。尾矿坝渗透变形的发生演变过程与地质条件、水力条件、尾矿级配和渗透性质、防排水措施等因素有关，渗流对坝体的影响主要表现在两个方面：

（1）影响坝坡整体稳定的渗透压力：水在渗流过程中受到尾矿颗粒的摩擦阻力而在渗透途径上损失了水头，与此同时尾矿颗粒也受到水流施加的拖拽力即渗透压力，渗透压力降低了坝坡稳定性。

（2）渗透变形：尾矿坝在渗流作用下，渗流口处的尾矿颗粒受到非正常渗流作用，导致坝体流土、冲刷、管涌等多种形式的渗透破坏。

渗透变形必须具备两个基本条件：一是渗透压力大于尾矿颗粒间的内力，二是尾矿坝体的内部结构及其边界有颗粒位移的通道和空间。

3. 坝体失稳

（1）基底破坏。如图 9-6 所示，坝基岩层软弱、承载力小，在尾矿压力作用下，坝体沿基底软弱岩层滑动，引起尾矿坝滑塌。

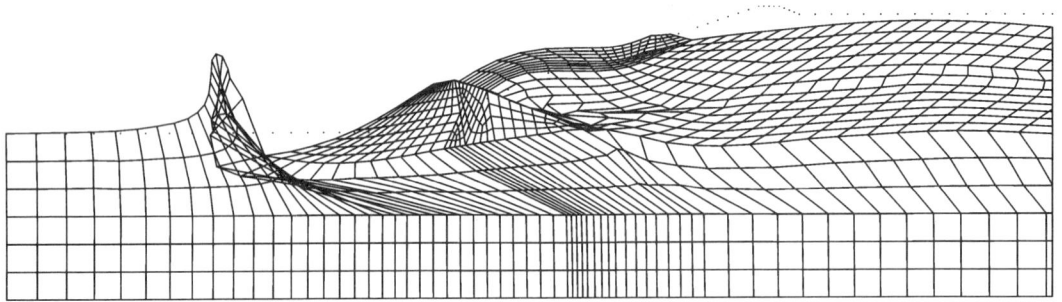

图 9-6　坝基破坏

（2）初期坝破坏。如图 9-7 所示，坝基岩层坚硬稳固，但初期坝无法承受上部过大荷载而破坏，这类破坏常导致整个库体倾出。

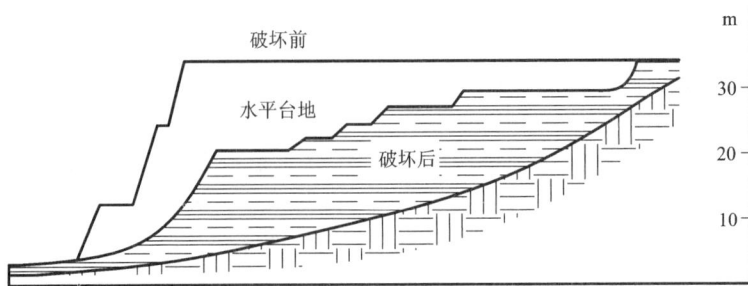

图 9-7　初期坝破坏

（3）子坝破坏。如图 9-8 所示，坝基岩层和初期坝都很稳固，但由于初期坝排水不畅，库内水位抬高，致使子坝破毁。子坝坡度比太大，也可能导致子坝区滑移。

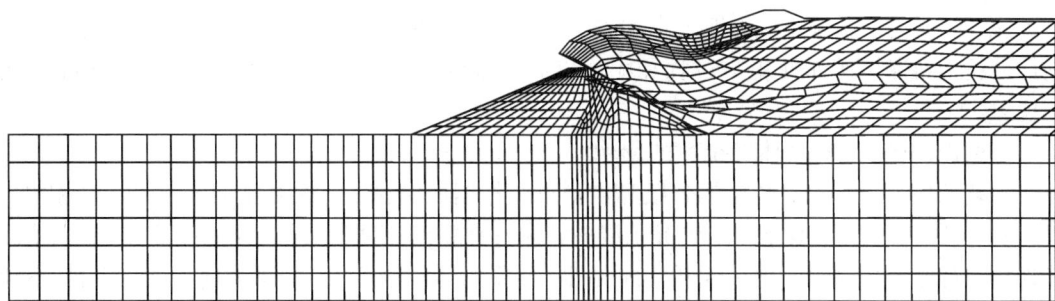

图 9-8 子坝破坏

9.2.2 尾矿坝稳定性影响因素

（1）地质（地基）环境

地质环境影响坝基条件和潜在的渗流速率。软弱地基危及坝体的总体稳定性，可能因不适当的孔隙压力消散而限制坝体高度和升高速度。此外，尾矿库的渗漏通常受地基天然土壤或岩层的渗透性控制。尾矿库构筑在低渗透性地基上，可降低废水向地下水渗漏；而地下水流动又使污染物得以稀释，尤其当库区和周围含有钙质矿物时，地下水中的碳酸盐可沉淀来自尾矿孔隙水中的重金属，减少重金属污染。

对于岩石地基，其岩性类型和分布形态、地质结构和构造是最基本的背景资料。库坝应避开大型构造破碎带和活动断层，了解岩层和优势不连续面产状，尽可能选择抗风化、抗化学侵蚀性能强的岩基。同时，还应考虑以往和未来采矿作业对基岩的破坏。

（2）尾矿物理力学性质

尾矿是经磨碎、呈粉细砂土状的选矿废弃物，普遍用作后期筑坝的工程材料，其颗粒组成决定坝体渗透性、抗渗性、压缩和剪切强度等物理力学性质，决定了坝体稳定性。

由于尾矿的特定加工过程和排放方法，以及排放时水力分级和沉淀作用，使库坝形成了各向异性的尾矿沉积层，因此其压缩变形和强度特性、振动响应特性、渗流状态等，均随尾矿类型、沉积方式、时间和空间而变化，就总体性质而言，既相似又有别于天然土壤，既符合又不完全适用于传统的力学理论。此外，尾矿坝大多是在分期升高中构筑，在构筑中使用，其结构和功能也完全不同于普通的蓄水坝，工作状态不仅取决于坝体本身的工程特性，更重要地取决于坝后沉积的尾矿工程特性，是一个特殊的岩土工程问题。

（3）水对坝体失稳的影响

① 由瑞典圆弧法确定安全系数的计算公式可知，水的存在既增加了滑坡体重量，更增加了渗透力和浮托力，因而减少了有效正应力和坡体抗滑力，所以降低了坡体安全系数。

② 水的作用还降低了砂粒的有效黏聚力、有效内摩擦角和坝基摩擦力，从而降低了坝体抗剪强度和稳定性。

③ 降雨造成的地表径流和库水溢洪会冲刷和切割坝坡，形成裂隙或断口，降低了坝体稳定性。同时，水在坝体内的流动引起的冲刷和渗流作用也会降低坝体的稳定性。

④ 坝体溢洪与渗流破坏坝体稳定性。尾矿坝破坏通常不是因为材料的抗剪强度不够导

致坝体失稳破坏,而是由于漫坝或渗透破坏。一般情况下,尾矿库设计的重点和难点是防洪与渗流,根据疏干系统,采用地下水动力学方法分析渗流场形态,对出渗点位置和水力坡降进行分析,确保尾矿库使用全过程和闭库以后,都不会出现流沙、管涌、接触渗流等渗流破坏现象。

(4)尾矿密实度对坝体稳定性的影响

一般的尾矿堆积坝,经自然分级和自身重力作用固结密实,宏观上具有上粗下细和坝前粗、坝尾细的特征;微观上,尾矿沉积层中普遍存在粗细相间的夹层、互层、交错层、千层饼等现象,表现为结构的不均一性和各向异性,使得坝体空隙度大、密实性差、结构疏松,降低了坝体抗剪强度。

(5)浸润线高度对坝体稳定性的影响

由于库坝内的尾矿砂是物料颗粒的自然松散堆积体,因此其各种力学指标较低,而含水性、透水性相对较大。在常水头和动水头作用下,库内水会渗出坝体,或者局部形成含水饱和区,所以经常发生浸润线自初期坝顶溢出现象,轻者在浸润线出逸处流失尾矿砂,形成冲沟,重者造成尾矿坝的滑动。据现场堆积实践结果,细粒尾矿比一般尾矿的浸润线高,而浸润线高低对尾矿坝的稳定性影响甚大,粗略计算,浸润线每下降 1 m 可使静力稳定性安全系数增加 0.05 以上;浸润线如能降至距坝面 8 m 以下,7 级地震基本不会产生振动液化。

9.3 尾矿坝稳定性计算

9.3.1 尾矿坝稳定性计算一般要求

参照《选矿厂尾矿设施设计规范》(ZBJ - 1990)的要求,尾矿初期坝与堆积坝坝坡的抗滑稳定性应根据坝体材料及坝基土的物理力学性质,采用瑞典圆弧法经计算确定,并满足抗滑稳定的安全系数不小于表 9 - 4 规定的数值。当坝基或坝体内存在软弱土层时,可采用改良圆弧法计算安全系数。当考虑地震荷载时,应按《水工建筑物抗震设计规范》(DL5073—2000)的有关规定进行计算。但对非地震区的 5 级尾矿坝,当坝坡取 1:(4~5)时,除原尾矿属尾黏土和尾粉质黏土以及软弱坝基外,可不做稳定性计算。

表 9 - 4 坝坡抗滑稳定最小安全系数

运用情况	尾矿坝级别			
	1	2	3	4, 5
正常运行	1.30	1.25	1.20	1.15
洪水运行	1.20	1.15	1.10	1.05
特殊运行	1.10	1.05	1.05	1.00

尾矿坝稳定计算的荷载分下列五类,计算安全系数时可根据不同运行情况按表 9 - 5 考虑各种荷载组合:

(1)筑坝期正常高水位的渗透压力;

（2）坝体自重；

（3）坝体及坝基中的孔隙压力；

（4）最高洪水位有可能形成的稳定渗透压力；

（5）地震荷载。

表9-5 尾矿坝稳定性计算荷载组合

运行情况	荷载计算	荷载组合				
		荷载类别				
		1	2	3	4	5
正常运行	总应力法	有	有			
	有效应力法	有	有	有		
洪水运行	总应力法		有		有	
	有效应力法		有	有	有	
特殊运行	总应力法		有		有	有
	有效应力法		有	有	有	有

9.3.2 尾矿坝稳定性计算方法

尾矿坝稳定性分析的计算方法很多，目前比较常用的有极限平衡法、数值计算法（主要包括有限单元法、有限差分法、离散单元法）。极限平衡法只假定一个临界滑动面，安全系数是在该滑动面上的抗滑力（力矩）与致滑力（力矩）的比值；数值计算法一般都采用强度折减方法来确定安全系数，其安全系数的物理意义是指强度折减至尾矿坝体达到临界状态时的折减程度。所以两类方法的安全系数定义及其物理意义有一定的差别。

有限元强度折减法是通过将摩尔库仑屈服准则在平面上的等边不等角的六边形等效为圆，控制圆形的面积与六边形的面积相等，通过换算公式将六棱锥等效为圆锥，从而解决有限元计算中的由于六棱锥的奇异而导致的不收敛问题。有限差分强度折减法国内研究不多，主要应用FLAC软件进行求解，该方法不需要等效屈服准则，而是直接折减强度进行计算，有兴趣的读者可以参考FLAC的用户手册。离散单元法通常将岩体视为离散块体，块体间可以滑移、张开，也可产生大的位移。

尾矿坝稳定性分析规范推荐的是简单易用的极限平衡法，一般采用有效应力法进行计算。

采用尾矿粗砂加高筑坝，无论是子坝的滑动稳定还是加高以后子坝连带初期坝的滑动稳定，对于尾矿坝的安全运行都是至关重要的。在试验和计算时，无论是静力分析还是动力分析，最后都归结到坝体稳定性分析。

1. 瑞典圆弧法

根据《选矿厂尾矿设施设计规范》规定，坝体稳定分析应采用瑞典圆弧法。虽然理论上存在不足，而且对有些情况甚至可能给出不合理的结果，但是这种方法计算比较简单，应用已有近 80 年的历史，积累了丰富的工程经验，因此在工程上仍然被广泛采用。

瑞典圆弧法是假定潜在的滑动面为圆弧面，滑动面内的土体视为理想塑性体，稳定性分析是在坝体或地基(土基)上试算一系列的圆弧滑裂面，分析这些圆弧潜滑面内土体绕圆心转动的稳定性。为计算方便，通常采用条分法且作为平面问题处理。对于滑动土体中渗流水压力对坝坡稳定的影响一般采用"等值力矩法"计算，土体破裂面上的抗剪强度按 Mohr-Coulomb 强度准则计算。

瑞典圆弧条分法计算坝坡稳定安全系数的表达式为：

$$F_s = \frac{\sum \left[b_i (\gamma h_{1i} + \gamma_m h_{2i} + \gamma' h_{3i}) \cos\alpha_i \tan\varphi_i \right] + \sum c_i l_i}{\sum b_i (\gamma h_{1i} + \gamma_m h_{2i} + \gamma' h_{3i}) \sin\alpha_i} \tag{9-1}$$

式中：c_i，φ_i——潜滑面上第 i 土条的黏结力与内摩擦角；

      b_i——第 i 土条宽度；

      l_i——第 i 土条滑裂面滑弧长度；

      α_i——第 i 土条滑弧面中心和瞬时滑弧圆心连线与垂线之间的夹角；

      γ，γ'，γ_m——土体的天然容重、浮容重和饱和容重；

      h_{1i}，h_{2i}，h_{3i}——浸润线以上、浸润线至下游水位和下游水位以下土条高度。

对于浆砌石重力坝，按照《浆砌石坝设计规范》(SL25-91)规定，坝体抗滑稳定计算必须考虑以下三种情况：

a) 沿垫层混凝土与基岩接触面滑动；

b) 沿浆砌石体与垫层混凝土接触面滑动；

c) 浆砌石体之间滑动。

坝体抗滑稳定计算应采取以下公式：

$$F_{s_1} = \frac{\sum (f_1 W + c_1 A)}{\sum P} \tag{9-2}$$

$$F_{s_2} = \frac{\sum (f_2 W + c_1 A)}{\sum P} \tag{9-3}$$

式中：F_{s_1}——抗剪断计算的抗滑稳定安全数；

      F_{s_2}——抗剪计算的抗滑稳定安全数；

      f_1——滑动面上的抗剪断摩擦系数，$f_1 = \tan\varphi_1$；

      f_2——滑动面上的抗剪摩擦系数，$f_2 = \tan\varphi_2$；

      W——计算截面以上坝体的全部荷载；

      c_1——滑动面上的抗剪断黏聚力；

      A——滑动面截面积；

      $v\sum P$——计算截面以上坝体全部荷载对滑动面的切向分力。

2. 变分法

极限平衡法只是假定了一个临界滑动面，未能计算可能出现的全部滑动弧，因而所求得的安全系数未必是最小值。其次，由于排尾流量和速度的变化，以及尾矿浆体在沉积过程中的分级作用，自然形成颗粒大小不同的分层，夹杂着许多软弱夹层，致使滑动面往往不是一个理想的圆弧面，而是任意形状的曲面，给计算分析工作增加了许多困难。为解决这些问题，有学者进行了变分法研究，并与极限平衡分析法进行对比，结果表明：二者的分析结果比较接近，且采用对数螺旋滑动面进行变分分析更合乎工程实际。但变分法在尾矿坝稳定性分析计算中尚属研究阶段，有兴趣的读者可查阅相关研究资料。

3. 模糊概率法

现行的尾矿坝稳定性分析一般采用安全系数进行判断，安全系数法使用方便、容易理解，可以满足正常使用要求，因此被广泛和长期应用。但实践也证明，安全系数具有局限性，主要表现在：安全系数是根据经验进行粗略确定的数值，结果使结构设计非常粗糙，例如往往因人为选择不同的安全系数与精确计算方法不相匹配；安全系数法不能作为度量尾矿坝可靠度的统一尺度。理论和实践都证明安全系数的大小只能反映同一类型的某种受力状态下结构的安全度，但对不同类型尾矿坝或相同受力状态的同一尾矿坝的同一截面，即使用同一安全系数，也不能使之具有相同的安全度。其原因在于规范中的安全系数主要是根据工程经验确定的，并没有考虑到影响安全系数的各种值的不确定性；加大安全系数，不一定能按比例地增加尾矿坝的安全度。

传统的安全系数法设计中之所以存在上述问题，其原因在于没有考虑如下事实：尾矿分布、尾矿粒度以及尾矿的力学参数的荷载都是随机的几何量或物理量而确定的单值量。安全系数法只是把这些不确定量用一个笼统的安全系数掩盖起来。为克服这些缺点，人们发展一门新学科——工程结构可靠度。它认为几乎所有的工程变量都是随机量，在这基础上发展出一整套基于可靠度理论的计算方法，最后得出概括结构安全性与可靠性的各种量值(可靠度、可靠指标)，以设计或校核结构。概率极限状态设计法就是以随机概率理论为基础，以防止结构或构件达到某种功能要求的极限状态作为依据的结构设计计算的方法。鉴于此，针对尾矿坝研究中大量因素的不确定性，基于模糊和可靠度理论，推导出了尾矿坝安全储备功能函数，系统地在尾矿坝稳定性研究领域提出了尾矿坝模糊随机可靠度计算方法，对指导工程实践具有重要意义。

9.3.3　尾矿坝稳定性计算示例

某铁矿山尾矿库始建于 20 世纪 80 年代末，1990 年 5 月投入使用，坝址处山坡较陡、沟口较窄，沟底平均坡降 5% ~ 6%，地质条件良好，适宜筑坝。

初期坝为透水堆石坝，坝底地面标高约为 212 m、坝顶标高 228 m，坝顶宽 4 m，坝长 74.4 m，上游坡 1:1.7，下游坡 1:1.6，在 220 m 标高设 2 m 宽马道。后期子坝用尾砂逐年堆积而成，尾矿坝已从初期坝坝顶向上堆至 271 m 标高，坝顶长约为 370 m，冲积滩面长度约 200 ~ 230 m，尾矿堆积体外坡平均坡比 1:4。

因矿山生产需要，对该尾矿库进行扩容设计，加高增容后的坝顶标高由原设计的 280 m 加高至 300 m，最大坝高由 68 m 增高为 88 m，总库容由 983 万 m³ 增加到 1701 万 m³，属三级尾矿库。但考虑下游有供水水源和重要设施，将该尾矿库提高一级，按二级设计。

尾矿坝加高到 300 m 后，干滩进一步增长，正常生产水位和洪水位分别为 294 m 和 295 m。

1. 计算参数与计算工况

合理准确地选取坝体土料的物理力学参数，特别是材料的抗剪强度指标，对于确定经济合理的坝体边坡及坝体结构是极其重要的。

稳定性计算时，初期坝材料参数类比同类工程进行选取，主坝坝体材料的静、动力参数按该矿《尾矿库现场勘察和土工试验》取值，副坝材料参数按《尾矿库岩土工程勘察报告》进行取值，主、副坝体材料抗滑稳定计算参数见表9－6、表9－7。

表9－6　主坝坝体材料抗滑稳定计算参数

材料名称	天然容重 $g(kN/m^3)$	浮容重 g' (kN/m^3)	饱和容重 g_m (kN/m^3)	天然状态		饱和状态	
				$C(kPa)$	$\varphi(°)$	$C(kPa)$	$\varphi(°)$
（1）初期坝	18.0	10.0	20.0	0.0	38.0	0.0	38.0
（2）尾细砂	16.3	9.6	19.6	0.0	31.6	0.0	30.6
（3）尾粉砂	15.9	9.5	19.5	0.0	31.0	0.0	30.0
（4）尾粉土	15.6	9.4	19.4	8.0	24.0	8.0	22.0
（5）碎石土	17.0	10.0	20.0	0.0	28.0	0.0	28.0
（6）强风化正长岩	18.0	10.0	20.0	15.0	35.0	15.0	35.0

表9－7　副坝坝体材料抗滑稳定计算参数

材料名称	天然容重 $g(kN/m^3)$	浮容重 g' (kN/m^3)	饱和容重 g_m (kN/m^3)	天然状态		饱和状态	
				$C(kPa)$	$\varphi(°)$	$C(kPa)$	$\varphi(°)$
（1）尾细砂	16.3	9.6	19.6	0.0	31.6	0.0	30.6
（2）尾粉砂	15.9	9.5	19.5	0.0	31.0	0.0	30.0
（3）尾粉土	15.6	9.4	19.4	8.0	24.0	8.0	22.0
（4）碎石土	20.0	12.0	22.0	0.0	28.0	0.0	28.0
（5）南副坝中风化混合花岗岩	25.4	15.7	25.7	1000.0	37.0	1000.0	37.0
（6）北副坝中风化混合花岗岩	25.6	15.8	25.8	250.0	37.0	250.0	37.0

注：尾细砂、尾粉砂采用该矿《尾矿库现场勘察和土工试验》提供的建议值。

按照渗流试验和数值分析确定的浸润线，分别计算了不同干滩条件下排渗设施正常工作和失效的工况。

此外，按照设计要求计算了在排渗失效条件下，在初期坝坝顶以上至238 m平台增设贴坡反压工程措施条件下的坝坡稳定性。

2. 稳定性分析结果

计算得到的各种工况条件下坝体稳定安全系数列于表9－8，其中表9－8列出的是尾矿坝实测浸润线条件下的现有坝高边坡稳定性计算结果。从表中可以看出，在排渗设施正常工作的情况下，尾矿坝边坡都满足规范要求的最小安全系数。

表 9 - 8　现有坝高边坡稳定性分析

断　　面	计算最小安全系数 K_c	正常运行允许最小安全系数
$A - A'$	1. 317	1. 20
$B - B'$	2. 323	1. 20
$C - C'$	2. 585	1. 20

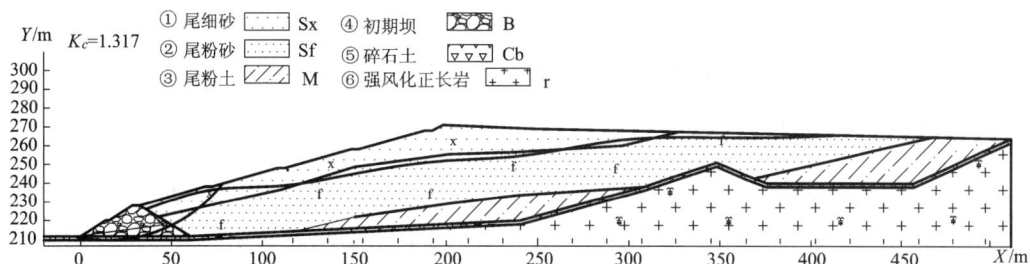

图 9 - 9　$A - A'$ 断面现有坝高最危险滑动面位置

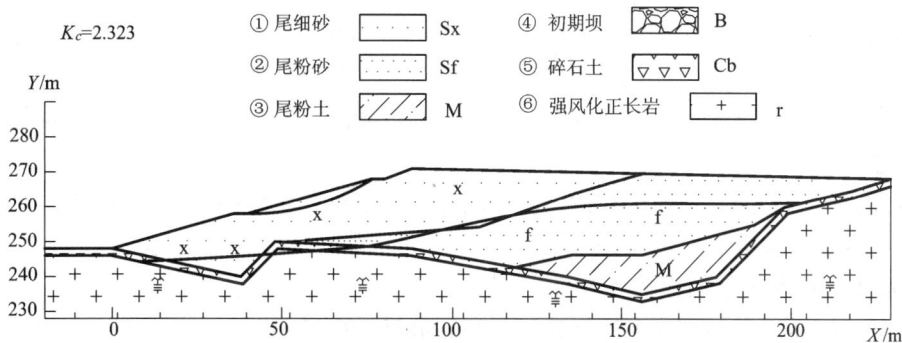

图 9 - 10　$B - B'$ 断面现有坝高最危险滑动面位置

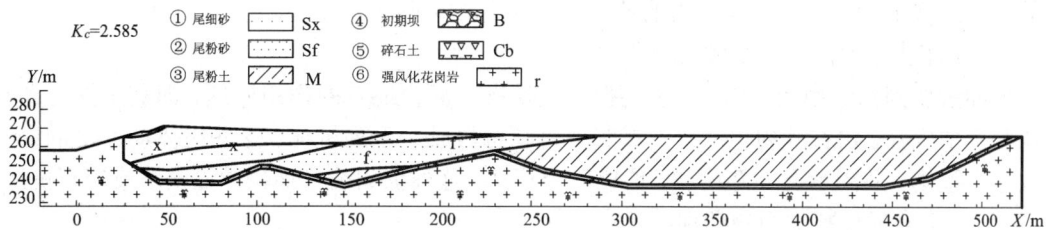

图 9 - 11　$C - C'$ 断面现有坝高最危险滑动面位置

9.4 尾矿坝加固措施

我国尾矿坝绝大多数采用上游法构筑，主要形式有山谷型、平地型及傍山型。上游法筑坝的初期坝常用当地土石材料构筑，适合于雨量较少、气候干燥且地基具有透水条件的地区。

尾矿坝事故主要有：①洪水失去控制，造成漫顶溃坝；②浸润线过高，出现下游管涌或坡脚严重冲刷，导致溃坝；③地震作用引起的溃坝。

尾矿坝加固治理的目的是要达到安全运行的要求，主要措施是降低坝体浸润线高度、提高尾矿沉积体强度和承载力、解决砂土震动液化等。

9.4.1 初期坝加固处理措施

初期坝一般为土石坝，作为尾矿坝的支撑，其稳定性直接影响坝体的堆积高度和稳定性。当尾矿库扩容、初期坝存在安全隐患或已出现问题时，必须对初期坝进行抗渗稳定性和抗滑稳定性验算，若其安全稳定性达不到原设计要求，必须进行加固处理。

对不透水的土石坝，可选用防渗墙（混凝土、桩柱或黏土等）及灌浆帷幕等防渗加固措施；对透水型土石坝，可选用贴坡排水层、排水棱体、排水褥垫、反滤层及垂直与水平排水层、排水沟等排渗设施；对扩容加高后有潜在滑坡及裂缝倾向的初期土石坝，可采用抛石压坡脚及锚固、抗滑桩等加固措施；对土石坝的坝体裂缝可选用开挖回填及灌浆方法加固。

（1）抛石压坡脚

抛石压坡脚是一种简单易行、经济实用的加固方法，在尾矿库扩容加固中首推使用。

（2）抗滑桩加固

当压坡方案可能涉及征地困难或仍然难以保证初期坝稳定性时，可考虑采用抗滑桩加固初期坝。抗滑桩方案的另一优点是工期较短。

（3）坝体灌注黏土浆加固

灌注黏土浆适用于尾矿坝下游坝体渗漏和裂缝渗漏两种情况。主要原理是利用水力劈裂原理和浆坝互压作用，使坝体内应力重新分布，使应力不均衡状态转变为均衡状态，起到充填坝体裂缝或洞穴、恢复坝体整体性、增加坝体稳定性、消除坝体内管涌与接触冲刷、发挥防渗作用等。为提高灌浆效果，必要时可在泥浆中加入一些水泥、水玻璃等粘结剂来改善泥浆的性能。施工时应注意注浆压力的控制，注浆效果的检查与验收等。

（4）振冲法加固初期坝坝体及坝基

振冲法加固黏土型初期坝，是利用振冲置换——复合地基的作用原理，即利用振冲器在软弱黏土中成孔，再在孔内填入碎石或其他坚硬材料成一系列桩体，这些桩体与原来的黏土组成一个整体，共同承受外部荷载，形成复合地基，这种加固法又称振冲置换法或碎石桩法。

（5）土工合成材料加固初期坝

土工合成材料出现较晚，但发展很快，它作为新型的土工建筑材料加固尾矿坝坝体，可根据其不同的产品种类，起到不同的加固目的：利用透水性土工织物设置反滤层、排水层、加筋层，起到排渗加固作用；利用不透水性土工薄膜，起到防渗、截水、隔离等作用。

9.4.2　后期子坝加固处理措施

上游法尾矿坝加固处理，主要从两方面着手：一是降低坝体浸润线；二是增强坝体强度。前者主要是增设排渗设施降水，提高坝体的稳定性；后者是采用各种碎石桩或砂桩来达到加固加密的效果。对尾矿坝后期子坝常用的加固方法有：振冲法、振动沉管法、钻孔法等。不同的加固方法有不同的加固作用及适用范围，详见表 9 – 9。

表 9 – 9　尾矿坝不同加固方法的作用及其适用范围

加固方法	加固作用	适用范围
振冲法	形成振冲碎石桩，兼有振密、挤密和置换作用，可获得复合地基的加固补强效果	适用于加固松软的尾矿堆积坝及处理软弱的尾矿沉积体，需排污条件
振动沉管法	利用振动套管挤入尾矿加固层，形成挤密砂石桩，可达到振密、挤密的复合效果	适用于加固饱和松散的尾矿及松软坝体，无需排污条件
冲孔沉管法	利用钻机成孔，填入碎石料，形成碎石桩	主要加固软弱矿泥层，加速排渗固结，需排污条件
钻孔法	利用钻机成孔，填入砂石料，形成挤密砂石桩	主要加固软弱坝体，需排污条件
加筋法	利用土工材料加入到尾矿材料中形成加筋层，提高尾矿材料的强度	加固软弱坝体，无需排污条件

振冲法于 1992 年最早应用在南芬铁矿尾矿坝。试验的主要目的是探索振冲工艺在斜坡上施工的可行性，研究不同振密方法、不同间距对尾砂的振密效果，以决定采取何种施工方法提高尾矿坝强度，满足未来 150 m 坝高时的稳定要求。招远金矿尾矿坝的振冲法研究，进一步完善了振冲法在尾矿坝上的应用，并提高该坝坡在浸水条件下抗震稳定性，避免地震时发生液化、流滑等灾难性事故。虽然对于粉砂、细砂用振冲法处理的效果尚有争议，但这两次振冲法加固的实践证明结论是肯定的。

根据施工工艺不同，振冲法可分为振密法、振密挤密法和置换法。

振密法就是在一定工艺条件下，就地将尾矿砂振密。

置换方法，是在软弱坝段，遇有较厚尾矿泥的集中沉积体时，为有效地改善局部坝体的力学特性采用的方法，振冲时适当加大振冲水压和留振时间就可达到置换目的。

加筋法是借鉴加筋土技术在公路、铁路等部门的成熟经验，在尾矿坝筑坝过程中加入筋体材料，达到提高尾矿坝整体稳定性的效果。土工织物用于尾矿坝的加筋国内外并不多见，我国最早于 1997 年对首钢大石河尾矿坝子坝进行了加筋土的试验研究。工程实践表明，在提高了坝坡坡角后，坝体的稳定性仍然满足设计要求。尾矿坝加筋法可以对尾矿软弱层进行加固治理，但对已经形成的尾矿堆积坝要采用土工格栅加固治理就需要开挖坝体，不是很方便。但由于尾矿坝的形成是一个随时间发展的过程，这就给加筋留下了一个很好的时间和空间，如果在堆筑子坝的过程中通过加入土工合成材料来提高尾矿坝的似内聚力，坝体坡度完全可以大大提高，从而增加尾矿库的库容。

9.4.3 沉积滩加固处理措施

对尾矿坝沉积滩的尾矿泥沉积区，可采用抛石挤淤筑坝的方法来加高坝体，提高地基承载力，见表9-10。

表9-10 尾矿坝沉积滩加固方法

加固方法	加固目的
振冲碎石桩	加固滩床软弱矿泥，加高坝堤 加固库岸沉积的软弱矿泥，建造副坝，加高坝体 加固坝坡松软尾砂，防止地震液化
钻孔碎石桩	加固坝坡深层软弱矿泥，以保安全筑坝
抛石挤淤	抛石固堤挤淤，处理堤内矿泥，加高副坝

9.4.4 尾矿坝常见排渗降水措施

上游法尾矿坝的坝体浸润线普遍较高，尤其是一些采用黏性土坝作初期坝的尾矿库，由于缺乏渗流控制而造成各种坝体病害事故，特别是在尾矿库加高扩容时，应在确保库内上游安全滩长（最小干滩长度及调洪库容）满足规范要求前提下，应进一步降低坝体浸润线。其目的既要消除坝坡渗漏水病害与隐患，又要避免坝体砂土液化，进一步提高坝体抗震稳定性。

随着科学技术的发展和施工技术水平的提高，上游法尾矿坝坝坡排渗降水技术在近20年内取得了明显的发展，由先前采用的管井法、井点降水法等，逐步发展成尾矿坝专用的水平井排渗、垂直井与水平井联合排渗、辐射井排渗等，这些专用排渗降水技术的发展与应用，对上游法尾矿坝稳定性的改善已取得了积极的效果。特别是近年来推行的深层水平井自流排渗设施，工艺简便、工期短、见效快，已被广泛应用于尾矿坝扩容加固的排渗工程中。近年来常用的排渗方法见表9-11所示。

表9-11 几种常用排渗降水技术的应用及其效果

排渗方法	深层水平井排渗降水技术的应用	应用效果
水平井排渗	水平井通常设置在坝坡渗水区下方，沿坝轴布置，初期坝为土坝时，水平井应穿过土坝进入尾砂层，常用井距为10~15 m，管径76~89 mm的钢管或90 mm的塑料管；水平井纵长50~80 m，以控制坝体渗流，降低浸润线	工艺简便，工期短，便于管理，且处理费用较低，可以控制坝坡渗流，目前已推广应用，有发展前景
垂直井与水平井联合排渗	垂直井通常沿坝坡渗水区上方平台布置。常见井距为10~20 m，井深15~18 m，井径0.6~1.2 m，其底部与渗水区下方设置的水平排渗井对接，实现自流排渗，以控制坝体渗流，降低浸润线	优点是垂直井可达矿泥夹层，以利于排渗，其井位剖面潜水为下降4~6 m，但处理费用大

排渗方法	深层水平井排渗降水技术的应用	应用效果
辐射井排渗	辐射井一般设在坝坡渗水区上方,其辐射状水平管由直径约 3 m 的竖井内打入尾砂含水层,将渗水集于井筒内,由底部导水管引致坝外,其水平排渗井辐射半径可达 50 ~ 60 m,以控制坝体渗流,降低坝体浸润线	辐射井渗流控制范围最大可达 100 多米,可以控制坝坡渗流,目前应用较多,发展前景广
轻型井点降水排渗	排水井一般设置在坝坡渗水区上方,间距根据坝体实际情况布置,然后利用水泵将汇集在排水井中的渗流水抽出,降低坝体浸润线	轻型井点降水的优点是投资小,降低浸润线效果明显,可以控制坝坡渗流,但泵站要保持供电和维护,运营费用高

本章习题

1. 何谓尾矿坝? 主要分哪几类?
2. 简述上游式尾矿坝堆坝工艺及优缺点。
3. 简述尾矿坝的主要特点。
4. 尾矿坝的破坏模式主要有哪些?
5. 坝体失稳主要表现在哪些方面?
6. 简述影响尾矿坝稳定的主要因素。
7. 简述水对尾矿坝稳定性的影响。
8. 尾矿坝稳定性分析有哪些方法?
9. 尾矿坝事故主要有哪些?
10. 尾矿坝初期坝加固有哪些措施?
11. 尾矿坝子坝加固有哪些措施?
12. 尾矿坝沉积滩加固有哪些措施?
13. 简述尾矿坝常见排渗降水措施。
14. 试用瑞典圆弧法计算尾矿坝稳定性安全系数。

第 10 章　边坡加固技术

10.1　概述

回顾"4.2.1 岩坡沿单平面滑动稳定性计算"例子(见图 4 - 5),平面滑坡的受力分析如图 10 - 1 所示。

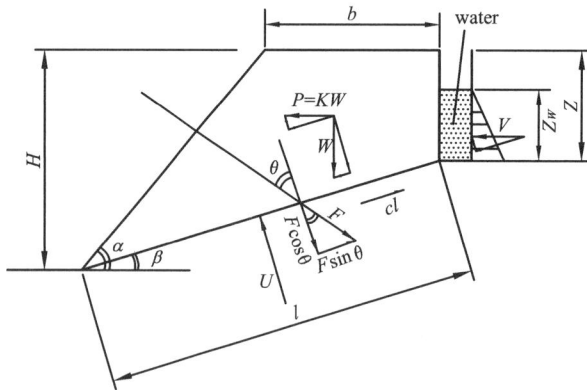

图 10 - 1　岩坡沿单平面滑动受力分析图

抗滑力:
$$R = cl + (W\cos\beta - P\sin\beta - V\sin\beta - U)\tan\varphi$$

致滑力:
$$T = W\sin\beta + P\cos\beta + V\cos\beta$$

安全系数:

$$F_s = \frac{R}{T} = \frac{cl + (W\cos\beta - P\sin\beta - V\sin\beta - U)\tan\varphi}{W\sin\beta + P\cos\beta + V\cos\beta} \qquad (10-1)$$

若采用锚杆(索)加固,且设锚固力为 F、与滑面法线交角为 θ,则安全系数为:

$$F_s = \frac{cl + (W\cos\beta - P\sin\beta - V\sin\beta + F\cos\theta - U)\tan\varphi}{W\sin\beta + P\cos\beta + V\cos\beta - F\sin\theta} \qquad (10-2)$$

又设爆破震动力 $P = KW$,其中 K 为地震系数,则

$$F_s = \frac{cl + [W(\cos\beta - K\sin\beta) - V\sin\beta + F\cos\theta - U]\tan\varphi}{W(\sin\beta + K\cos\beta) + V\cos\beta - F\sin\theta} \qquad (10-3)$$

可见增大 c、φ 值、提供锚固力 F、减少 W、V、U,均可提高 F_s 值。

因 $W = \frac{1}{2}\gamma H^2\left[(1-(\frac{Z}{H})^2)\cot\beta - \cot\alpha\right]$, $U = \frac{1}{2}\gamma_w Z_w l$, $V = \frac{1}{2}\gamma_w Z_w^2$

由此又可看出:

$H\downarrow \Rightarrow W\downarrow$, $L\downarrow \Rightarrow U\downarrow$; $\alpha\downarrow \Rightarrow \cot\alpha\uparrow \Rightarrow W\downarrow$; $Z_w\downarrow \Rightarrow V\downarrow$、$U\downarrow$,即通过削坡(降坡角)或减载(减高),或疏干排水,可以提高 F_s。

1. 边坡加固方法

从总体上讲,边坡加固就是增大抗滑力(矩)或减少致滑力(矩)。

按其特征不同,边坡加固方法分为三大类:

(1)从滑体受力角度,主要是增大抗滑力 $R^{\uparrow}$ 或减少致滑力 $T^{\downarrow}$;

(2)从岩体自身强度,主要是增大内聚力 $c^{\uparrow}$ 或增大内摩擦角 $\varphi^{\downarrow}$;

(3)采用人工构筑物,提供锚固力或人工抗力 F。

各种边坡加固方法、作用原理及适用条件见表 10 - 1。

表 10 - 1　边坡加固方法、作用原理及适用条件一览表

类型	加固方法	作用原理	适用条件
增大抗滑力,减小下滑力	削坡减载法 $\alpha^{\downarrow}$、$W^{\downarrow}$、$H^{\downarrow}$	对滑体上部或坡面削坡,减小下滑力或降低坡面角	滑体有抗滑部分存在有防滑用的采掘运设备
	减重压脚法 $\alpha^{\downarrow}$、$W^{\downarrow}$、$H^{\downarrow}$、$F^{\uparrow}$	对滑体上部或坡面削坡,并将削坡岩土堆积在坡脚,增大抗滑力,减小下滑力	滑体有抗滑部分存在,坡底有足够空间容纳削坡岩土
增大边坡岩体强度	注浆/喷浆法 $V^{\downarrow}$、$U^{\downarrow}$、$\varphi^{\uparrow}$、$c^{\uparrow}$	用水泥浆注入裂隙,增加岩体完整性,并避免地表水渗入岩体内部	岩体坚硬,有连通裂隙且地下水对边坡影响严重
	疏干排水法 $Z_w^{\downarrow}$、$V^{\downarrow}$、$U^{\downarrow}$	将滑体内及附近地下水疏干,提高岩体 c、φ 值,降低 P、$Z(V、U)$	滑坡岩体含水率高,滑床岩体透水性差
	培烧法 $V^{\downarrow}$、$U^{\downarrow}$、$\varphi^{\uparrow}$	对滑面附近岩体进行焙烧,排出地下水,减小滑体自重,提高岩体强度	以黏土质为主要成分的岩体
	爆破破坏滑面法 $\varphi^{\uparrow}$、$V^{\downarrow}$、$U^{\downarrow}$	以松动爆破法破坏滑面,增大 φ,同时使地下水通过松动岩石渗入稳定滑床	滑面单一,附近岩体完整性和排水性好,滑体上部无设施
人工建/构造支挡墙	锚索/杆加固法 $F^{\uparrow}$	对锚索(杆)施加预应力,增大滑面正应力,使滑面附近岩体形成压密带	有明确滑动面的硬岩,特别是深层滑坡
	抗滑桩支挡法 $F^{\uparrow}$	桩体与其周围岩体共同作用,将滑体下滑力由桩传给滑面以下稳固岩体	滑面单一,滑体完整性好的浅/中厚层滑坡
	挡墙法 $F^{\uparrow}$	在滑体下部修筑挡墙,增大滑体抗滑力	滑体松散的浅层滑坡
	超前挡墙法 $F^{\uparrow}$	在滑体滑动方向,预先修筑人工挡墙,减少地表水渗入,提供侧限力	一般在山坡排土场下部或第四纪表土滑坡中应用

2. 稳坡方法

使边坡稳定化的工作称为稳坡。

稳坡方法主要有:一是制止边坡发生过量变形;另一个是防止变形边坡发生滑塌。

对用途不同的边坡,失稳的含义并不一致:有些指过量变形,有些指滑塌。如:永久性公用边坡或涉及重要建(构)筑物的边坡,其失稳主要指过量变形;一般边坡或露采坑、排土场、尾矿坝等边坡,可允许适量变形,但不许滑塌。

边坡加固就总体而言是"变形控制"问题。因为,防止过量变形或防止滑塌所采取的措施并无差异,仅是防范等级的不同,从力学角度看,滑塌是变形的终极形式。

稳坡应立足于防,治为次之,这是边坡设计和管理时应重点考虑的问题。

3. 边坡加固的步骤(思路)

(1)首选——疏干排水,也是最经济的方法;

（2）其次——削坡减载或削坡压脚（挡墙）；

（3）再次——增大岩体强度；

（4）最后——人工加固方法。

对病坡进行调查研究的内容：

（1）详细勘探现场，收集、整理、分析历史资料，访问有关人员，了解病坡的起因和发展过程；

（2）现场观测，圈定变形区范围及发展进程，识别潜滑体滑塌模式，建立观测网；

（3）进行必要的工程地质以及水文地质补充勘探，详细弄清潜滑体及其周围岩体的工程地质和水文地质。

就露天矿边坡而言，稳坡方案必须技术可行且经济合理，缺一而非最优方案。若经济代价太高，放弃稳坡也是一种选择，但必须转入滑坡的监测预报，以便准确地测报滑坡时间、滑塌范围、滑塌量，从而准确预测（估算）滑坡损失及危害。露天矿山边坡角是边坡稳定的最主要影响因素，国外露天矿往往倾向于加大边坡角，降低 F_s，并允许有一定的（一般认为 16% ~20% 是可以接受的）边坡破坏概率，以获取最大的经济效益。如果一座露天矿未采取任何稳坡措施而直到闭矿从未发生过一次滑坡，其边坡角设计肯定是过分保守而不是最经济的。

10.2 疏干排水

10.2.1 水对边坡稳定的影响

以"图 1 – 14 安全系数随坡角变化图"为例，说明干燥和饱水两种极端情况下水对边坡稳定性的影响。

由图 1 – 14 所示，如果边坡处于饱水状态，则当边坡角陡于 64°时，安全系数 F_s <1，理论上边坡肯定破坏；要使安全系数达到 1.3，则边坡角应该小于 46°。如果边坡处于干燥状态，即使是 90°倾角的边坡其安全系数也大于 1；若也使安全系数达到 1.3，则最大边坡角可达到 55°。可见水对边坡稳定性具有非常不利的影响，甚至可以说是有百害而无一利。因此，应尽量减少地表水向边坡岩体的渗透并设法排出边坡岩体内的地下水。

水对岩坡的影响主要是静水压力，水压不仅降低了潜滑面的 c、φ 值和有效正应力 $\sigma' = \sigma - P_w$，从而减少了有效抗剪力，而且产生了浮托力 U 和裂隙水压力 V。

水对土坡稳定的影响不仅有静水压力，还引起土坡管涌使土坡变形、深陷甚至坍塌。

露天矿边坡岩体中存在地下水的不利影响，主要表现为：

（1）降低潜滑面 c、φ 值和有效正应力 $\sigma' = \sigma - P_w$，从而降低了抗剪强度；

（2）张裂缝或近似垂直的裂隙中的水压增大了致滑力；

（3）高含水量增加了岩石容重，从而增加潜滑体自重；

（4）改变某些岩石的含水量特别是页岩还会加速岩石风化；

（5）冬季边坡表层地下水冻结成冰，在充水裂隙中产生楔胀作用；

（6）边坡上表面水的冻结能堵塞排水通路，引起边坡中水压增高；

（7）地下水的流动引起地表土和裂隙充填物被侵蚀，这种侵蚀可淤塞排水系统；

(8)当土体内部水压产生的上举力超过土的重量时,可能引起覆盖土或废石堆的液化;排水通道被堵塞也可能发生这种液化。液化在尾矿坝和废石堆设计中是非常重要。

10.2.2　水压对抗剪强度的影响

水压对于两个接触面抗剪强度的影响可用图 10 - 2 试验加以说明。

将一个开口的桶盛满水放在图 10 - 2 所示的倾斜木板上,此时,各作用力与斜面放置的岩块的受力很相似,为简化起见,假设桶底和木板间的粘结力等于零。

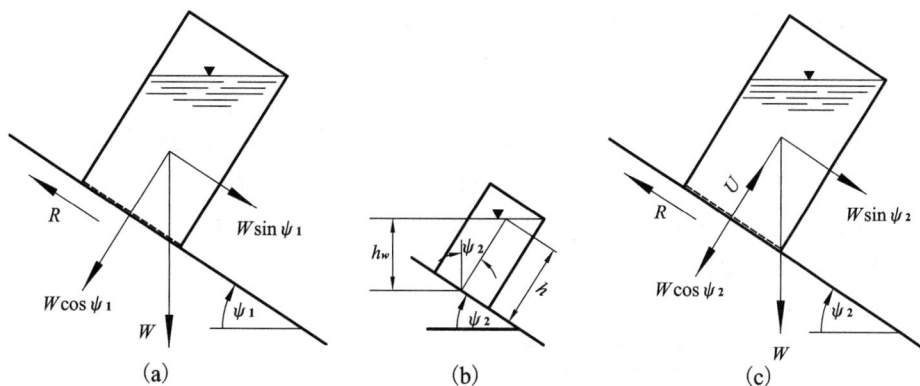

图 10 - 2　水压对抗剪强度影响示意图

(1)图 10 - 2(a)所示,当 $\psi_1 = \varphi$ 时,盛水木桶处于极限平衡状态,因为此时:

抗 滑 力:
$$R = W\cos\psi_1 \times \tan\varphi$$

致 滑 力:
$$T = W\sin\psi_1$$

安全系数:
$$F_s = \frac{R}{T} = \frac{W\cos\psi_1 \times \tan\varphi}{W\sin\psi_1} = 1$$

(2)图 10 - 2(c)所示,将桶底穿孔,这样水就流入桶底和木板之间的间隙中,并产生水压 u 或上举力 $U = uA$(A 为桶底面积),则木板与桶底接触面的受力为:

抗 滑 力:
$$R = (W\cos\psi_2 - U)\tan\varphi$$

致 滑 力:
$$T = W\sin\psi_2$$

安全系数:
$$F_s = \frac{R}{T} = \frac{(W\cos\psi_2 - U)\tan\varphi}{W\sin\psi_2} = 1 \tag{10 - 4}$$

如果盛水桶的总体单位容重为 γ_t,水的容重为 γ_w,则

桶的重量:
$$W = \gamma_t hA$$

桶的浮力:
$$U = \gamma_w h_w A = \gamma_w \times h\cos\psi_2 \times A = \frac{\gamma_w}{\gamma_t} \times W \times \cos\psi_2 \tag{10 - 5}$$

式中:h、h_w 是图 10 - 2(b)中相应画出的高度。

将式(10 - 5)代入式(10 - 4),并令 $F_s = 1$,得到极限平衡条件为:

$$\tan\psi_2 = \left(1 - \frac{\gamma_w}{\gamma_t}\right)\tan\varphi \tag{10 - 6}$$

假设桶与木板间的摩擦角为30°,当木板倾角达 $\psi_1 = 30°$ 时,未穿孔的桶将可能下滑(极限平衡)。而穿孔的桶则将在比该倾角小得多的条件下下滑,因为上举力 U 降低了法向力,从而降低了抗滑摩擦阻力。

10.2.3 常用的疏、排水方法

1. 疏干排水基本原则

(1)防止地表水由裂隙进入边坡岩体;

(2)进行地表、地下疏水,降低潜滑面及其附近水压;

(3)确定疏、排水位置,疏干边坡及其附近积水。

2. 常用疏干排水方法

水对边坡稳定的影响主要是水压的力学作用,因此疏水的直接目的就是降低水压。而疏水减压的一个积极方面是绝无任何害处,即使疏水措施的效率不高,也比没有疏水强。除疏水巷道外,大多数疏水措施都能很快安装好,而且成本也较合理,因此,疏干排水是提高边坡稳定性最经济、最有效的首选方法。常用的疏干排水措施见图10-3。

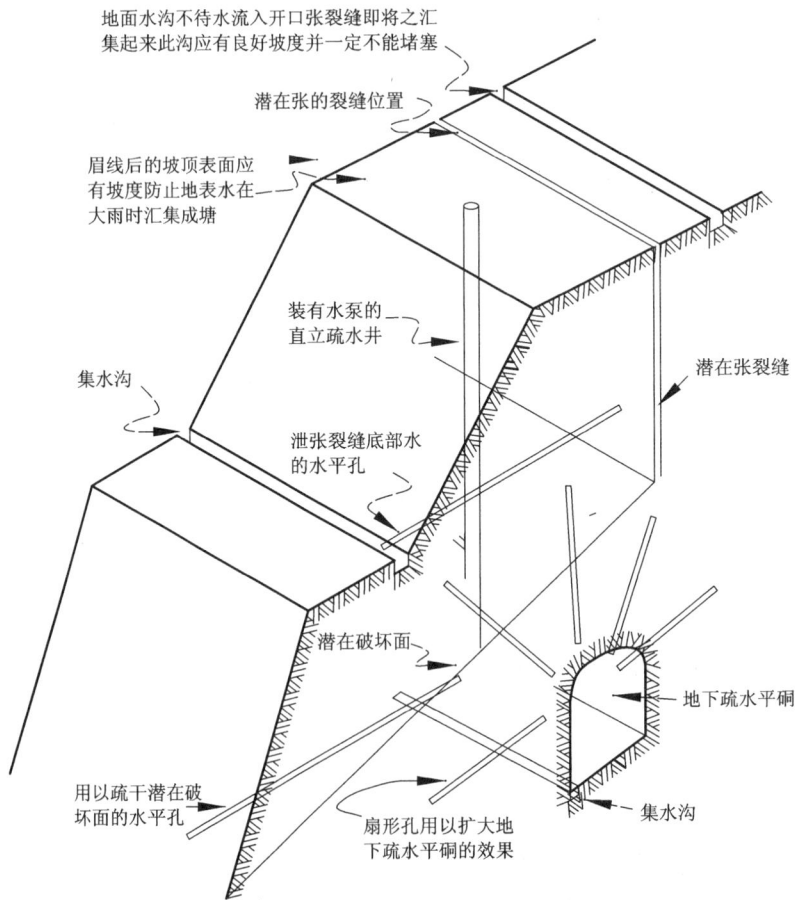

图 10-3 边坡疏排水常用方法图

（1）明渠（地面截水沟）排水

排水明沟可布置在不稳定区段以外的适当位置（坑外山坡、坑内平台），用来拦截地表水向不稳定区汇集，明沟走向垂直水流方向。

（2）钻孔疏水——水平或倾斜钻孔

坚硬岩坡中的水通常沿间断面流动，水平/上倾/垂直钻孔能有效地降低裂缝底部或潜滑面内的静水压力。

（3）竖井疏水

从地表施工大直径钻孔或竖井，延伸到需疏水的地层，用水泵把水抽至地表，以降低地下水位。

井距取决于岩体透水性和地质构造，可布成线形、环形等；

井深取决于含水层深度和水泵能力。

（4）巷道疏水

巷道疏水是大型边坡有效的疏水方法。要求巷道应尽可能多地穿越含水层和含水构造，并与疏水钻孔或竖井相通，提高疏水效果，降低疏水费用。

在很多露天矿，已有这样的现成平硐，如原有地下矿山的一些旧巷道或探矿平硐等。

（5）沟、井、巷联合疏/排水

10.3　机械加固

机械加固实际是一种人工加固技术（又称人工加固），技术方法主要有：（预应力）锚杆（索）加固、抗滑桩支挡、挡土墙支挡、注浆、护坡等。

人工加固技术，不仅对将滑和潜滑边坡是一种有效的阻滑、防滑措施，而且已发展成为一种提高露天矿最终边坡角的工艺技术，以减少废石剥离量、加快露天矿建设和降低开采成本。

20 世纪 60 年代以前，国外边坡加固一般采用挡土墙和削坡减载技术；20 世纪 60 年代中期，美、苏、日、意、英、波（兰）使用轻型钢轨钻孔桩和注浆加固技术；1970 年以后，（预应力）锚杆（索）加固技术得到广泛应用，美、加等国开始用边坡加固技术来提高露天矿最终边坡角，获得很好的经济效益。

我国从 1973 年开始边坡加固的研究工作。首次在大冶铁矿东部狮子山南帮 F_{25} 断层破碎带使用钻孔抗滑桩加固技术，1974 年白银铜矿、义马煤矿也开展了边坡加固的研究工作，1975 年大冶铁矿又用锚杆加固了一个 24 m 高的楔形滑坡体，1978 年再次用综合加固方法加固了一个约 20 万 m^3 的滑坡体，均取得了显著的加固效果。

10.3.1　锚杆（索）加固

1. 概述

1964 年前苏联首次将锚索应用于加固边坡，1970 年以后，（预应力）锚杆（索）加固技术得到广泛应用，美、加等国更将锚索（杆）加固技术应用于提高边坡角设计。如加拿大 Hilton 露天矿，用大型钢绳锚索（由 8 ~ 12 股组成，每股直径 13 mm，索长 27.5 ~ 53 m）加固一个采深 183 m 的露天矿，将边坡角由 45°提高到 50°，坡面每延深 1 m，节省开采费用 19800 美元；

1974 年美国 Twin-Buttes 露天铜矿(采深 301.8 m),采用钢绳锚索(由 6~16 股组成,每股直径 13 mm,索长 30~45 m)加固技术,将最终边坡角从 40°提高到 50°,获经济效益 1000 万美元。

国内外很多露天矿山已采用大型钢筋锚杆和钢绳锚索加固边坡。(预应力)锚杆(索)能加固潜滑面很深的岩质滑坡体,目前的安装深度已从几米~几十米~上百米。

适用条件:深部岩石较坚固/坚硬,未受风化影响,足以支持不稳定或有危险的表层岩坡滑体。

(预应力)锚杆(索)既可用作剪切螺栓的形式垂直或倾斜地安装于潜滑面,也可用作预拉螺栓的形式水平或微倾地安装于坡顶面。

如图 10-4 所示,锚杆(索)的结构由锚头、张拉段和锚固段三部分组成:

锚 头:露于坡面,给锚杆(索)施加预应力(作用力);

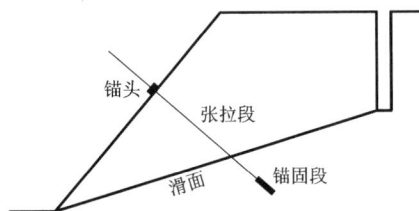

图 10-4 锚杆(索)结构图

张拉段:将预应力均匀地传递给周围岩体;

锚固段:锚固在稳定岩体内,提供锚固力。

2. 锚杆(索)作用机理

利用锚杆(索)与砂浆握固力、砂浆与孔壁粘结力将锚杆(索)与孔壁胶结在一起,施加预应力后,将锚杆(索)预应力传给深部稳固基岩。锚杆主要处于张拉状态,剪切次之,不承受弯曲作用;而锚索仅存在张拉状态,不承受剪切和弯曲作用。

(1)边坡岩体和基岩锚固段四周均形成 90°的压力锥体,并使岩石相互挤压,将锚杆与周围岩体联成一个整体,形成均匀压缩带(挤压带)和压缩圈(图 10-5 所示),从而阻止岩体变形或破坏;同时,改变了岩体应力状态(变为三向应力),提高边坡自稳性和整体性。

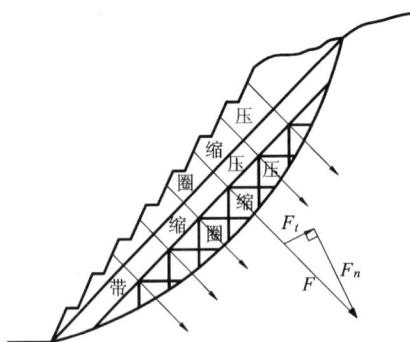

图 10-5 锚杆(索)加固形成的压缩圈(带)

(2)预应力在垂直滑面上产生正应力,提高摩擦力;在平行滑面上产生切向力,提供直接抗滑力,阻抗岩体下滑。

从图 10-6 可知:从力的平衡角度看,锚杆的预应力主要是弥补摩擦力 $c \cdot l$ 的不足以抵抗致滑力 T,$(T - c \cdot l)$ 的差值是致使岩体滑动的源动力,为补充 $(T - c \cdot l)$ 不足使 $F_s = 1$,需

F；为使 F_s 提高到大于 1，锚杆还要提供比 $(T - c \cdot l)$ 更大的力，如为使 $F_s = 1.25$，需使 $F_t + cl = 1.25T$。

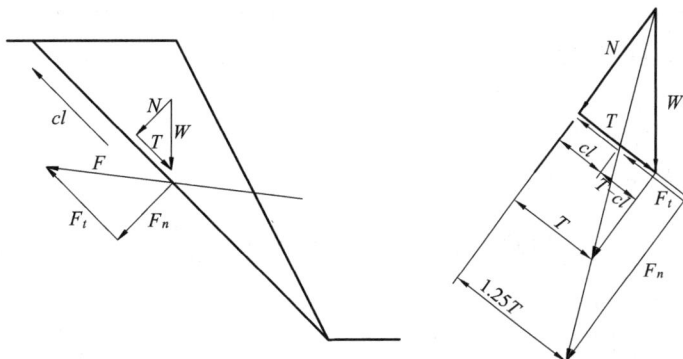

图 10 - 6　锚杆(索)力学机理图

由此可见：预应力锚杆(索)是主动的边坡加固技术，它不同于普通锚杆(非预应力锚杆)，普通锚杆仅在滑体移动时才承受张力，且张力随位移增大而增大，主要对滑体起悬吊作用。

3. 锚杆(索)计算

(1)加固后滑体的安全系数 F_s

如图 10 - 7 所示，设岩坡为干坡，且不考虑爆破震动，即 $U = V = P = 0$，则施加预应力锚杆(索)后，潜滑体除受正常的重力 W、抗滑阻力 $\tau = c \times l + \sigma \times \tan\varphi$ 外，还受到锚杆(索)的预应力 F 作用，其分力不仅增大了抗滑阻力中的正应力，而且直接增加抗滑阻力。

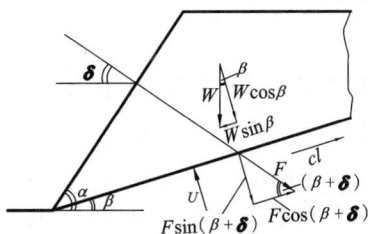

图 10 - 7　锚杆(索)加固边坡受力图

抗滑力：
$$R = cl + [F\sin(\delta + \beta) + W\cos\beta] \times \tan\varphi + F\cos(\delta + \beta)$$

致滑力：
$$T = W\sin\beta$$

安全系数：
$$F_s = \frac{cl + F\cos(\delta + \beta) + [F\sin(\delta + \beta) + W\cos\beta] \times \tan\varphi}{W\sin\beta} \tag{10 - 7}$$

(2)锚固力 F 及锚杆最佳安装角 δ

将式(10 - 7)变换为：

$$F = \frac{W(F_s\sin\beta - \cos\beta \cdot \tan\varphi) - cl}{\cos(\beta + \delta) + \sin(\beta + \delta) \cdot \tan\varphi} \tag{10 - 8}$$

式(10-8)就是锚杆(索)需提供的锚固力计算式,且分子与锚杆(索)安装角δ无关,故当分母为最大时,所需的锚固力最小。

由分母对δ求导并令导数为0得:$\tan(\beta+\delta)=\tan\varphi\Rightarrow\beta+\delta=\varphi\Rightarrow\delta=\varphi-\beta$,亦即当$F$为一定值条件下,按此角度安装锚杆可获最大抗滑力。换言之,以此角度安装锚杆,需提供给锚杆的预应力最小。

(3)最小锚固段长度L

由材料抗拉(拔)试验,得:

$$\pi dL \cdot R_c \geqslant \frac{\pi}{4}d^2 \cdot [\sigma_t] \Rightarrow L = \frac{d[\sigma_t]}{4R_c} \tag{10-9}$$

式中:d——锚杆直径,mm;

$[\sigma_t]$——锚杆许用抗拉强度,MPa;

R_c——砂浆与锚杆间的握固力,N/mm^2。

10.3.2 抗滑桩加固

1. 概述

(1)抗滑桩定义

如图10-8所示,抗滑桩是埋置于滑面上/下岩体中阻止滑体移动的桩形结构物。

(2)抗滑桩分类

按断面大小分钻孔桩(小断面,圆形)、钢砼桩(大断面,长边平行滑动方向矩形)。

按刚度大小分刚性桩和弹性桩。

按埋置和受力方式分全埋式和悬臂式。

(3)适用条件

裂隙不发育、完整性好的缓倾斜中厚岩体;滑面单一、倾角小、有明显滑动面、岩基完整的滑坡。

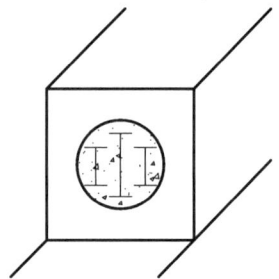

图10-8 抗滑桩断面图

2. 抗滑桩作用机理

图10-9所示,作用在桩体的滑体推力P,经桩体传递,一部分传给桩前岩体(滑体),使桩前岩体压缩产生抗力E_P,且抗力与桩的位移成正比;另一部分传给桩后基岩,使基岩产生抗力R,即$P=E_P+R$。因此,与无桩时的$P=E_P$相比,若滑体推力P不变,则E_P减少,也即桩前滑体受到的推力减小,从而提高了滑体稳定性。

由此可见:抗滑桩是依赖桩前岩体抗力和基岩抗力来保持平衡,而滑体又依赖桩来减少致滑力而保持稳定,二者相互依存,相互调整,所以抗滑桩的设

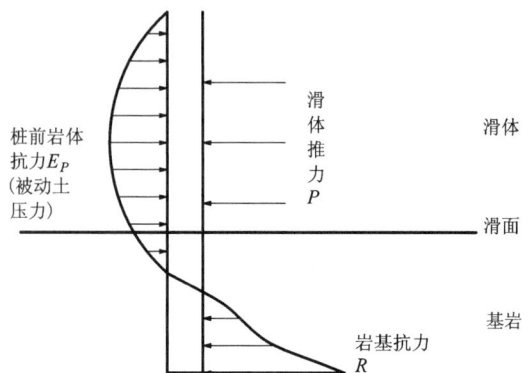

图10-9 抗滑桩力学机理示意图

计必须考虑桩周围岩体和基岩的弹性抗力和桩体自身强度,保证桩体在致滑力作用下不失稳,也不弯折或剪断。

我国露天边坡加固中,抗滑桩设计参数一般为:

钢砼桩:间距 5~8 m,排距 3~5 m,埋入基岩深 5~8 m,孔径 1800×1200 mm。

钻孔桩:间距 3~5 m,排距 2.5 m,埋入基岩深 3.5~5 m,孔径 230~300 mm。

抗滑桩的安设位置如图 10-10 所示,埋设太高或太低,容易在下部或上部产生新的小滑体。

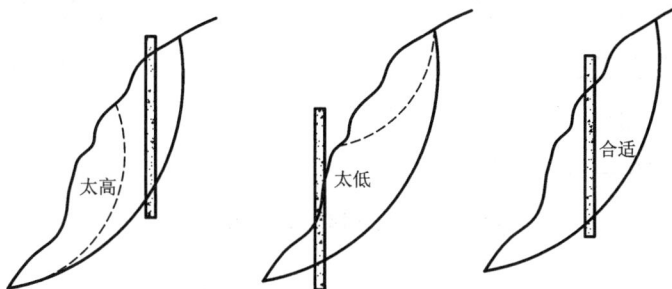

图 10-10 抗滑桩安装位置图

3. 桩承受最大推力计算

(1)假设桩因剪切破坏

$$P \leqslant [\tau] \cdot s \qquad (10-10)$$

式中:$[\tau]$——桩的许用抗剪强度;

s——桩的抗剪面积。

(2)假设桩因弯曲破坏

$$P \leqslant \frac{2M_{max}}{L} \qquad (10-11)$$

式中:M_{max}——滑面附近桩能随最大弯矩;

L——随最大弯矩点到滑面的长度。

(3)假设桩为弹性地基梁

参考建筑设计中的地基梁计算(包括力、力矩、位移计算)。

10.3.3 挡土墙加固

1. 概述

挡(土)墙是一种较常见、较古老的边坡加固技术。无论路堑边坡和露天边坡都常用挡(土)墙(片石砌墙、砼墙、钢砼墙)来构筑和限制岩土边坡潜滑体或滑移体。

挡土墙的支挡作用主要依靠自身重量抵抗潜滑体的剩余下滑力(或称滑坡推力)。

如图 10-11 所示,当潜滑体将下滑力 E($W_滑$ 与 R_a 的合力)传递给挡墙时,挡墙依靠其自身重力($W_墙$)和摩擦力(cl)的合力 E_a 抵抗潜滑体的下滑。E 与 E_a 成对出现。

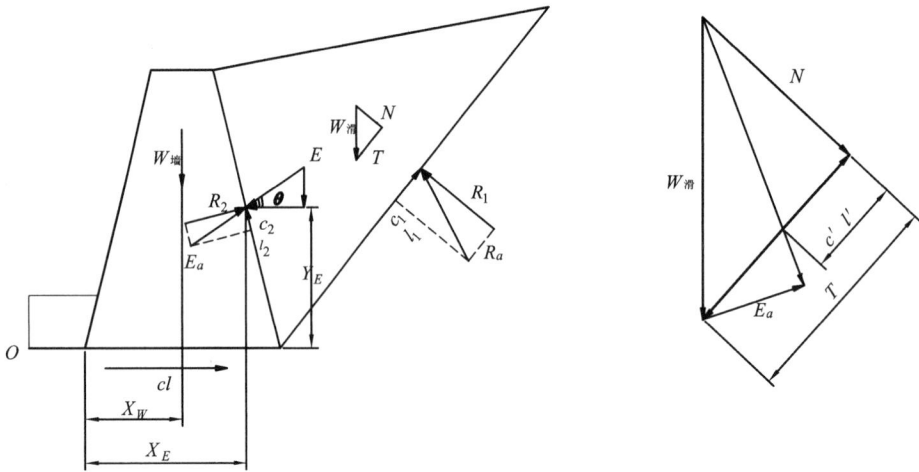

图 10 - 11　挡土墙力学机理示意图

2. 挡墙计算

挡墙破坏主要是结构破坏(坍塌或滑移)和倾覆(沿 O 点侧翻)。

(1)抗滑稳定性

$$F_s = \frac{c \cdot l + (W_{墙} + E\sin\theta) \cdot \tan\varphi}{E\cos\theta} \qquad (10-12)$$

通常要求抗滑稳定性安全系数 $F_s \geq 1.3$。

(2)抗倾覆稳定性

$$F_s = \frac{\sum(M_R)_0}{\sum(M_T)_0} = \frac{W_{墙} \cdot X_w + (E\sin\theta) \cdot X_E}{(E\cos\theta) \cdot Y_E} \qquad (10-13)$$

10.4　其他加固技术

从式(10-1)~(10-3)可知,无论增大 c、φ 值、提供锚固力 F 或减少滑体自重 W、爆破震动 P、滑面浮托力 U、垂直裂隙静水压 V,均可提高边坡稳定性安全系数 F_s 值。疏干排水主要是降低 U、V 值,机械加固主要是提供外力 F 值。本节主要论述增大 c、φ 值、减少 W、P 值的技术措施。

1. 削坡减载和削坡压脚

削坡既降低坡面角 α,又减少滑体重力 W,对提高稳定性安全系数 F_s 具有双重作用;减载主要是降低坡高 H,从而减少滑体重力 W;压脚则是将削坡岩土堆积在坡脚位置,增加滑体支挡、增大滑体滑动的摩擦力。因此,就力学作用看:

削坡的主要目的是:减少滑体重力、降低坡面角,从而减少下滑力;

减载的主要目的是:减少滑体重力、降低坡高,也是减少下滑力;

压脚的主要目的是:支挡滑体、增大滑体下部滑动面的摩擦阻力。

2. 注浆加固

注浆加固通过钻孔把水泥浆注入深部岩体裂隙或土体孔隙或岩土体滑面(特别是软弱

面、软夹层、破碎带），从而提高边坡整体性。

注浆加固（尤其是坡面喷浆）还能减少地表水和地下水渗入边坡中，从而减少水对边坡的影响和破坏。

注浆加固的力学作用主要是增大滑面的 c、φ 值和岩土体的自身强度，增加边坡的抗剪阻力，从而提高滑面的自身稳定性。

3. 控制爆破

控制爆破主要是减少爆破震动 P 对边坡稳定的危害，尤其对最终边坡稳定性具有重要意义。

控制爆破的方法主要有：预裂爆破、光面爆破、微差爆破、缓冲（气垫缓冲和减震孔缓冲）爆破、松动爆破，等。

控制爆破的主要手段是：增加钻孔数，减小孔距（$a < W$）和排距，减少每孔装药量，或采用不耦合装药，以及减少同次爆破炸药量或主爆孔爆完后再施爆最后一排炮孔的微差爆破技术，减少爆破震动对边坡稳定性的影响，从而提高边坡安全系数。

4. 护坡

护坡的作用主要是：防止大气降雨对坡面的冲刷、防止坡面风化剥蚀、防止松碎边坡岩土体表面崩解、坍塌振落。护坡一般不起侧向限压作用。

护坡的形式主要有：边坡表面喷射水泥浆、锚杆挂网喷浆护墙、砌筑片石护墙、井形格网护墙、生态恢复防护，等。

需要特别指出的是：以植物（草皮＋灌木、灌木、松杉，等）护坡为主的生态护坡技术，不仅具有低廉、长期、高效的护坡效果，而且具有良好的环境和景观效应，是一项具有广阔前景、有待着力研究的新型护坡形式，尤其适用于路堑边坡、废石场边坡和尾矿库边坡的护坡。

本章习题

1. 简述边坡加固方法及其作用原理。
2. 何谓稳坡？简述主要稳坡方法。
3. 如果让你进行边坡加固，主要工作步骤有哪些？
4. 简述地下水对露天矿边坡稳定的影响。
5. 试述疏干排水的基本原则。
6. 试回答常用疏、排水的方法。
7. 常见机械加固方法有哪些？
8. 简述锚杆（索）作用机理、适用条件。
9. 简述抗滑桩的分类及其适用条件。
10. 试述抗滑桩作用机理。
11. 试述削坡减载和削坡压脚主要目的。
12. 控制爆破方法有哪几种？主要手段有哪些？

第11章 边坡监测和滑坡预报

11.1 概述

边坡在成坡过程及使用期间,不可能没有丝毫变形,只是依据使用要求,在使用期内将变形限制在一定范围即认为是稳定的边坡。那么,何时将超过这个限定范围及其变形规律、发展趋势又如何?要回答这些问题都需要进行监测。

在"1.3.1 边坡稳定性设计流程"中介绍过,当安全系数低于某一设计要求(如 $F_s \leq 1.3$)时,有两种选择:一是采用疏干排水、削坡减载、机械加固等稳坡加固措施,二是接受(局部)滑坡。"接受滑坡"并非放任不管,只是放弃边坡加固方案,代之采用监测措施,掌握边坡的形态、现状和变形发展趋势,据此预报滑塌时间、滑塌范围、滑塌量,估算经济损失及其影响和危害,以保证人员、设备和生产的安全。

"接受滑坡"已成为边坡设计的一种选择方案,包括两层含义:

(1)选取的边坡加固措施尽管技术可行,但经济不合理。在此情形下,为提高总体经济效益而接受滑坡。

(2)露天矿边坡设计时,为提高最终边坡角,以减少剥离量来提高经济效益,为此目的而主动设计的滑坡。

经济合理的边坡设计,绝非是不发生任何滑塌的保守设计(事实也很难做到),而是允许适量滑塌、甚至局部性一定规模滑塌的实用设计,但绝不允许毫无预见的突发性灾害性滑塌发生。据国外露天矿经验,一个露天矿在其服务期内,一般允许有16%~20%的边坡破坏概率或2~3次一定规模的局部滑坡事件。

没有预报的突发性滑坡是危险大、危害大的滑坡,而准确预报的基础是有效监测,预报也是对监测数据的规律总结和发展趋势的正确判断。

11.2 边坡监测

11.2.1 边坡监测技术

1. 监测任务

(1)说明边坡现状,调查滑坡区工程地质、水文地质;

(2)确定边坡变形影响范围,识别潜滑体的破坏机制和滑塌模式;

(3)确定监测技术方案,建立边坡监测网(测点、测站);

(4)实施变形监测,提供可靠的第一手变形数据;

(5)制定防灾减灾和减少危害的技术措施,甚至修改边坡设计;

(6)对接受滑坡和实施监测的效果作出评价。

2．监测内容

边坡稳定性分析主要应用力学分析和数值计算方法确定边坡岩体在自重应力、地应力、构造应力、扰动(采掘、爆破)应力、静/动水压力等作用下的受力状态和位移变形。因此，边坡监测内容包括：位移(变形)观测、应力测试，其中主要是位移观测。

边坡位移观测包括：边坡岩体大面积移动观测、边坡表面岩体移动观测、边坡岩体内部变形观测。前二者主要观测工程岩体表面(临空面或地表)和人工支护结构体位移量；后者主要观测岩体内部不同深度岩体变形量及变形规律，判断滑床位置。

边坡应力测试主要测定潜滑体及其区域的应力大小和应力状态，以便重新核算安全系数，研究边坡滑移机制和破坏规律。

3．监测技术

以监测参数分类，边坡稳定监测主要包括位移监测、应力监测两类。

常用的位移(变形)监测元件有简易伸长计、多点位移计、全站仪/光电测距仪、摄影经纬仪、激光扫描仪等；此外，RS(遥感)和 GPS(全球定位系统)也应用于大型边坡的位移监测；光纤传感技术是新兴的温度、应力、应变无损检测先进技术。

常用的应力监测元件有压力盒、液压枕、光应力计等；

以监测方法分类，边坡稳定监测主要有电测法、声测法、光测法三大类。

电测法有电阻法、电容法、电感法、同轴电缆法等，以电阻应变计应用最为广泛。同轴电缆是近几年发展起来的新型边坡监测方法。

声测法有声发射法(AE)、声波法、声弹性法等，以声发射技术应用较多。

光测法有光弹性法、全息法、云纹法、光纤传感技术和数字图像处理技术等，以光弹性法(光应力计、光应变计)应用较为普遍。光纤传感和图像处理是近几年发展迅速具有广阔前景的边坡监测方法。

11.2.2　边坡位移监测

1．边坡岩体大面积移动观测

边坡岩体大面积移动监测的技术手段主要采用测量方法，包括：

(1)普通测量法：经纬仪、水准仪、钢尺等。

(2)光电测量法：全站仪/光电测距仪、摄影经纬仪、激光扫描仪。

(3)现代测量技术：RS、GPS 等。

这里仅对 Optech 公司 ILRIS-3D 激光扫描仪作简单介绍。

工作原理是通过对同一边坡不同时间的两次以上扫描，获得不同时点的边坡扫描图，再通过建立模型和两张以上扫描图的对比分析，获得测点的位移值。

该产品可在距边坡 3～1500 m 范围内进行测量，高精度模型化后的测量精度可达 3 mm，可以满足大面积边坡岩体滑移监测。

2．边坡表面岩体移动观测

边坡表面岩体移动观测指小尺度地面点位移及张裂缝扩展观测，监测技术主要有：

(1)普通测量法：应用经纬仪、水准仪、钢尺等，对控制点或工况点进行经纬或水准测量，直接获得岩移值。

(2)光电测量法：全站仪/光电测距仪、摄影经纬仪、激光扫描仪。

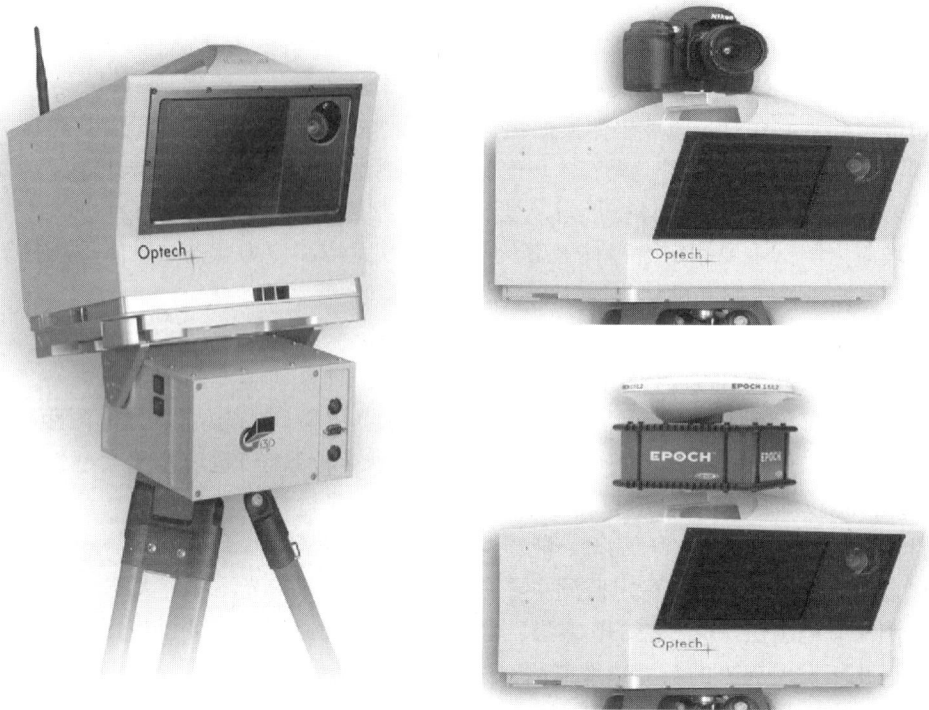

图 11 -1   Optech 公司 ILRIS -3D 激光扫描仪产品图
右上图为配合照相机作业；右下图为配合 GPS 作业
。

图 11 -2   ILRIS -3D 用于山体滑坡监测实例

（3）简易装置观测法：如图 11 -4、图 11 -5 所示两种地面伸长计——简易地面伸长计和钢绳伸长计，可从标尺直接读出边坡位移量。若设置报警装置，当重锤或定位滑块接触报警器时，可发出声或光报警信号。

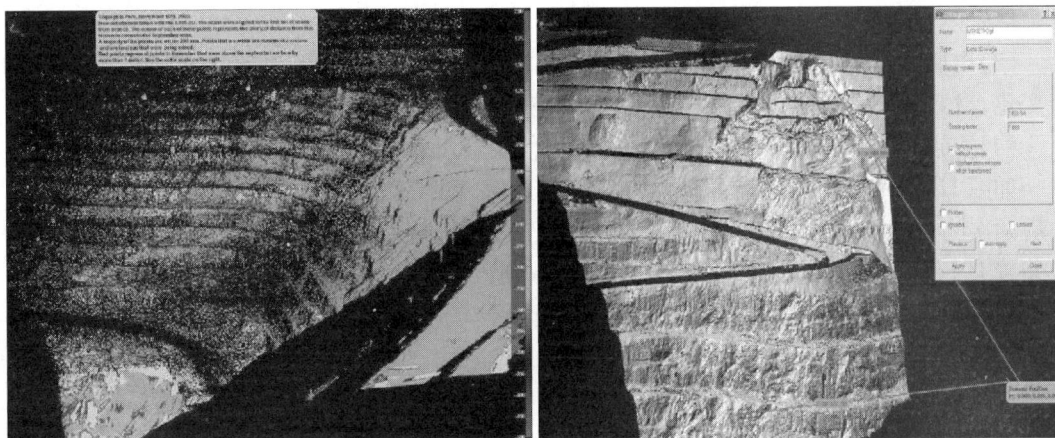

图 11 – 3　ILRIS – 3D 用于露天矿滑坡监测实例

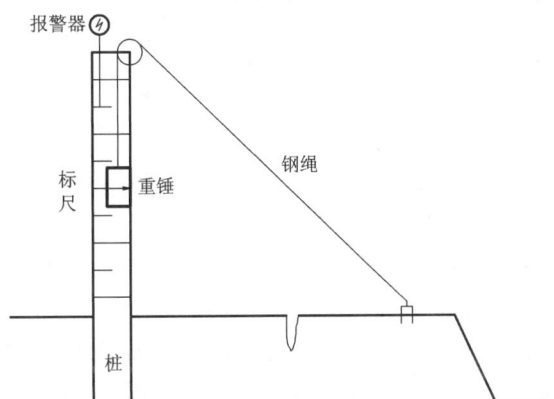

图 11 – 4　简易地面伸长计

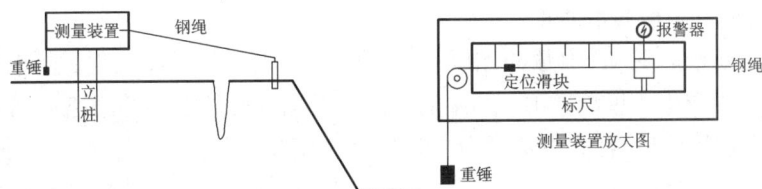

图 11 – 5　钢绳伸长计

3. 边坡岩体内部变形观测

边坡岩体内部变形量一般通过钻孔或在钻孔内埋设的监测元件进行观测,常用的技术手段有:

(1)钻孔伸长计:类似简易地面伸长计。

（2）钻孔倾斜仪/测斜仪：边坡岩体内部发生变形(位移)导致钻孔倾斜，用钻孔倾斜角反算边坡岩体变形量。

（3）电阻式滑坡监测仪/剪切板：边坡岩体内部发生变形引起电阻丝长度变化，导致电阻值变化，由欧姆定律反算电阻丝长度变化值，获得边坡岩体变形量。

（4）多点位移计(即多钢丝钻孔伸长计)：使用最广的监测岩体内部变形的元件。

如图11－6所示，当边坡岩体内部发生变形时，多点位移计孔口也随之变动，"钢丝1"前后两次测得的长度差值就是在此期间相对于"钢丝固定装置1"的孔口变形量，若"钢丝固定装置1"已深入基岩(视为不变形的基准点)，则该变形量就是孔口的绝对变形量；"钢丝2"前后两次测得的长度差值就是在此期间相对于"钢丝固定装置2"的孔口变形量；同次测得的"钢丝1"与"钢丝2"的长度差值就是在此期间"钢丝固定装置1"与"钢丝固定装置2"两点间的相对变形量。因此，多点位移计测得的实际是"孔内点与孔口点的相对变形值"。

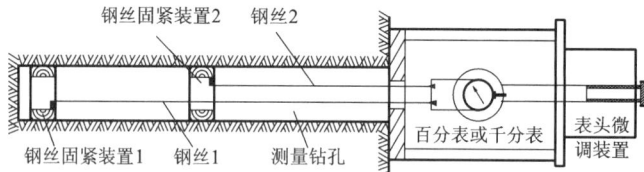

图11－6 多点位移计示意图

（5）光纤传感技术：近几年新兴的温度、应力、应变测量的先进技术。

现在研发较为成熟且已工程使用的光纤传感技术主要有：

FBG：Fiber Bragg Grating 布拉格光栅

OTDR：Optical Time－Domain Reflectometry 光时域反射计

BOTDR：Brillouin Optical Time－Domain Reflectometry 布里渊光时域反射计

BOTDA：Brillouin Optical Time－Domain Analysis 布里渊光时域分析

ROTDR：Raman Optical Time－Domain Reflectometry 拉曼光时域反射计

应用最广泛、最成功的主要是FBG、BOTDR二种。

下面以最具代表性的BOTDR为例，简单介绍光纤传感测试技术。

① BOTDR 变形测量基本原理

如图11－7所示。图(a)中脉冲光以一定的频率自光纤的一端入射，由于光效应，入射的脉冲光在光纤中产生布里渊散射，其中的背向布里渊散射光沿光纤原路返回到脉冲光的入射端，经过数字信号处理器(光纤应变分析仪，如BOTDR)的平均化处理，得到光纤沿线各个采样点的散射光谱，见图(b)所示；再通过变化入射光的频率，实现不同频率下布里渊散射光功率的测量，图(c)表示光纤上某个采样点的布里渊散射光谱。理论上，布里渊背向散射光谱呈洛仑兹型，其峰值功率所对应的频率即是布里渊频移 V_B。如果光纤受到轴向拉伸，通过测量拉伸段光纤的布里渊频移，由频移值与光纤应变间的线性关系就可得到光纤的应变量。

② BOTDR 变形计算

布里渊背向散射光频率漂移与光纤应变的关系式如下：

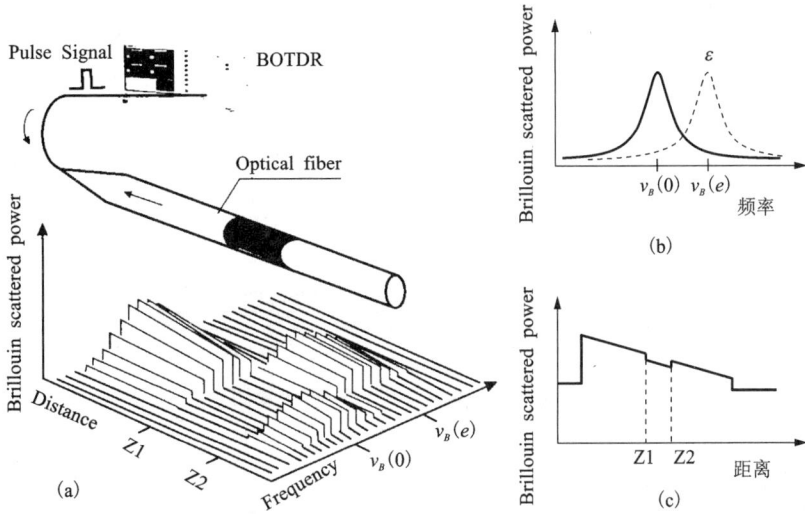

图 11-7　BOTDR 分布式测量原理

$$VB(\varepsilon) = VB(0) + \frac{\mathrm{d}VB(\varepsilon)}{\mathrm{d}\varepsilon} \times \varepsilon \qquad (11-1)$$

式中：$VB(\varepsilon)$——光纤应变为 ε 时的布里渊频移；

$\quad\quad VB(0)$——光纤应变为 0 时（即初始）的布里渊频移；

$\quad\quad \mathrm{d}VB(\varepsilon)/\mathrm{d}\varepsilon$——应变系数，为 493～512 MHz；

$\quad\quad \varepsilon$——光纤的应变。

③ 光纤测量系统

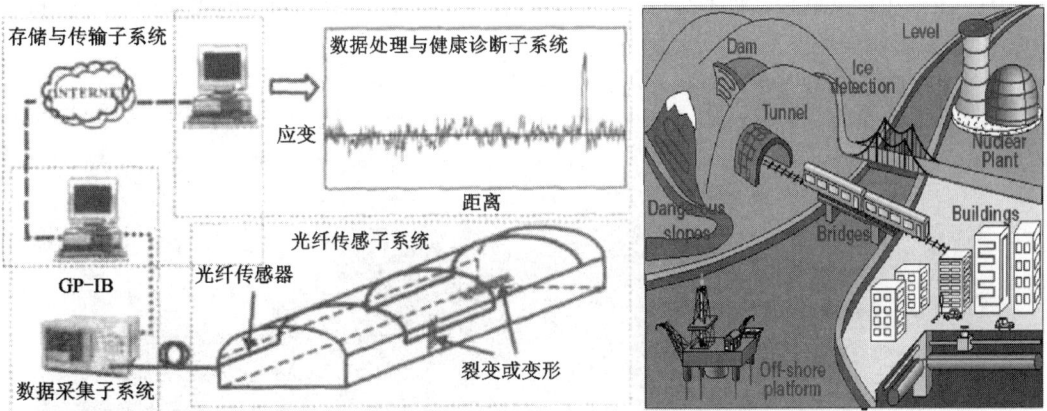

图 11-8　光纤监测系统示意图

④ 光纤安装（粘贴）

图 11-9 所示，光纤既可植入结构物内部，也可粘贴在结构物表面；既可全面粘贴，也

可定点粘贴。

定点粘贴：用于变形量较大的局部变形监测。

全面粘贴：用于隧道整体变形监测。

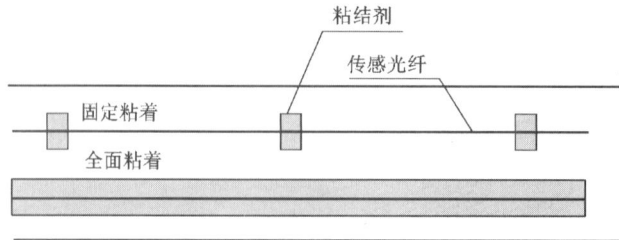

图 11-9　光纤粘贴(安装)示意图

⑤ 分布式光纤监测优点

分布式光纤传感技术是指分布在同一根传输光纤上的多个传感单元和多种待测参数(如温度、应力、应变)只通过一个通道实现对其测试信号的采集，即光纤既是测试元件(传感器)，又是测试信号发射和回传的传输元件(传输线)，减少了测试数据采集设备所需的通道数及连接线，降低了测试成本，并实现对待测物理量的分布场值的测量。与传统的传感器监测相比具有如下优越性：

A. 线形、连续、无损、健康监(检)测方法；

B. 分布式(传统为点式)、连续性(传统为间断性)、长距离、精度高，能对工程设施进行远程、实时监测和监控；

C. 抗电磁干扰、抗腐蚀、耐久性、防水、防潮、防燃、防爆、耐高温，适于水下、潮湿、有电磁干扰等恶劣环境；

D. 体积小、重量轻，便于布设安装，不存在与结构物匹配问题，对埋设部位的材料性能和力学参数影响较小。

⑥ 工程应用实例

图 11-10　光纤传感监测滑坡实例照片

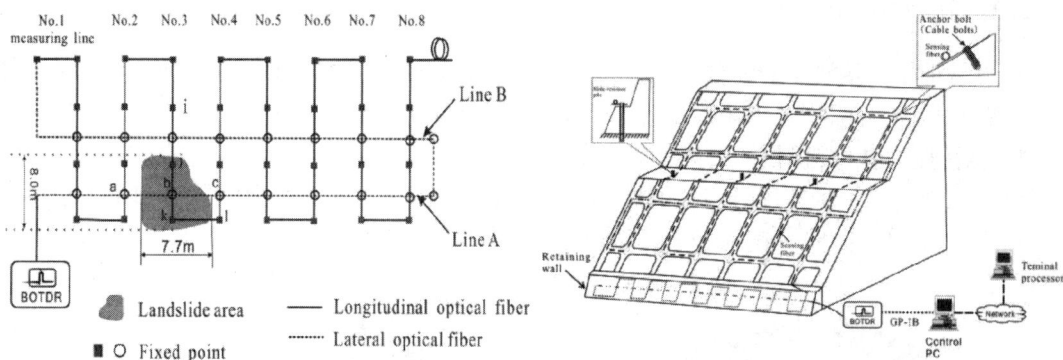

图 11-11　边坡变形监测的光纤布置实例

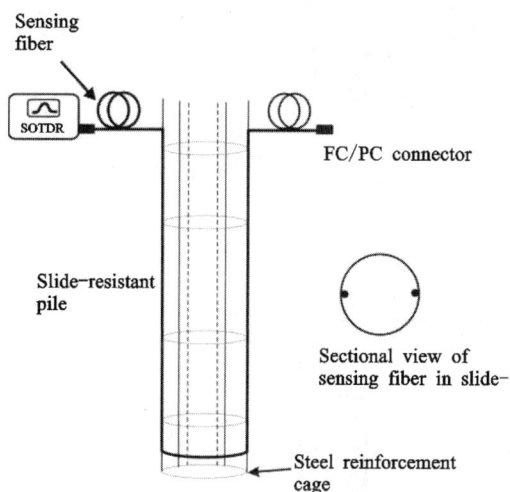

图 11-12　垂直光纤安装图

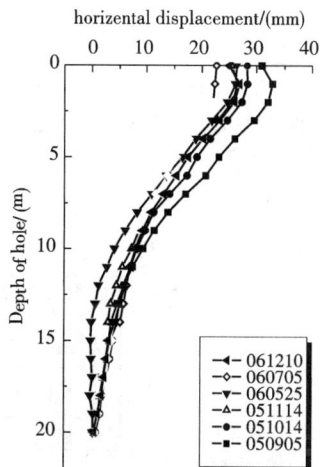

图 11-13　垂直光纤频移图

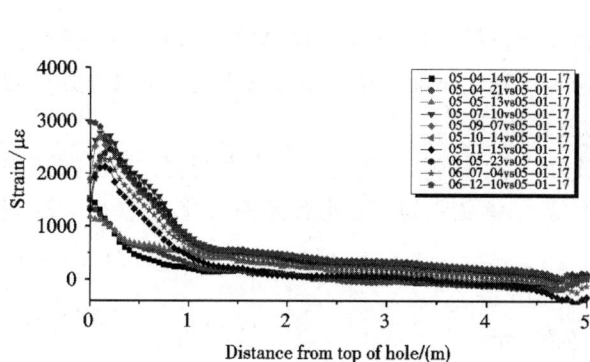

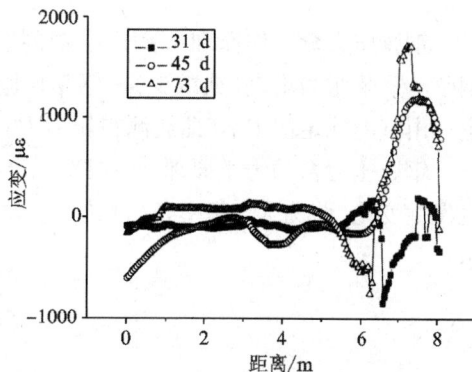

图 11-14　水平光纤频移图

11.2.3　边坡应力测试

应力是难于直接测定的物理量，一般采用间接方法测定。边坡监测常用的应力监测元件有：钢弦压力盒、液压枕、电阻应变计、光弹应力计等。

1. 钢弦压力盒（弦测法）

钢弦压力盒是一种使用较广的测试元件，可设计成测压力的压力盒（图 11 - 15），也可制作成应力计（图 11 - 16）。钢弦压力盒结构原理如图 11 - 17 所示。

图 11 - 15　振弦式土压力盒　　　　　　　　图 11 - 16　振弦式钻孔应力计

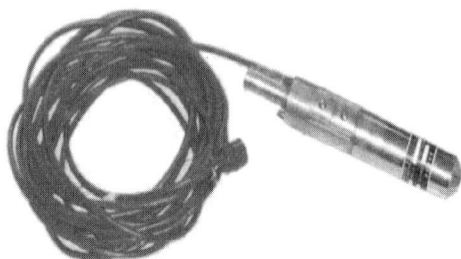

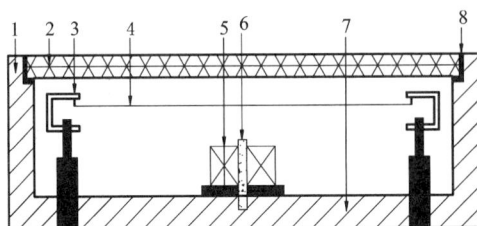

图 11 - 17　钢弦压力盒结构示意图

1—盒体；2—盒盖；3—钢弦栓架；4—钢弦；
5—线圈；6—铁芯；7—承压板；8—密封圈

钢弦压力盒工作原理：承压板受压挠曲⇒钢弦栓架向外（或向内）转动⇒拉紧（或松驰）钢弦⇒钢弦张力增大（或减少）⇒钢弦自振频率 f 变化⇒钢弦频率经线圈感应传出盒外并被测定⇒由室内标定的 P - f 曲线测得压力 P 的变化值。

钢弦压力盒的力学原理：一根受一定张力拉紧的钢弦，随钢弦内应力变化，其自振频率也发生变化（张力大，频率高；张力小，频率低），钢弦张力与自振频率关系可用式（11 - 2）表示：

$$f = \frac{1}{ld}\sqrt{\frac{P \cdot g}{\pi \gamma}} \qquad\qquad (11 - 2)$$

式中：f——钢弦自振频率；

P——钢弦所受张力；

l、d、γ——钢弦长度、直径、比重（材料选定后为定值）。

2. 液压枕

液压枕也是常用的边坡应力监测元件，可用作：

施压装置：应力恢复法量测表面应力时给岩体施压；或原位岩体力学参数测试时给岩体施压。

测力装置：测试矿柱、支护结构、充填体承受的围压；或埋于岩体、钻孔内测试岩体应力变化。

液压枕(典型)见图 11 – 18 所示，结构示意图如图 11 – 19 所示。

图 11 – 18　液压枕产品图

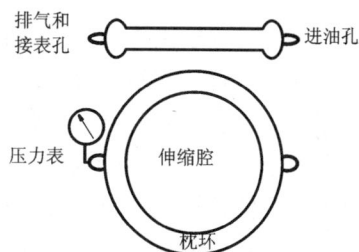

图 11 – 19　液压枕结构示意图

液压枕工作原理：液压枕承受岩体应力⇒枕环或伸缩腔受压⇒伸缩腔油压增大⇒压力表读数增加⇒由室内标定的 P – 表头计数曲线得到压力 P 的变化值。

液压枕的力学原理：液压枕在外荷作用下，伸缩腔所承受的压力由油压表直接读数。液压枕所承受总载荷：

$$P = K \cdot q \cdot S \tag{11 – 3}$$

式中：K——实验确定的传力系数；

　　q——油压表计数；

　　S——有效工作面积，即伸缩腔的承压面积。

3. 其他测试方法

① 电阻应变式压力盒：受压后电阻值 R 变化，由标定的 P – R 曲线得到 P 变化值；

② 光弹性应力计：受压后光应力计条纹级数 n 变化，由标定的 P – n 曲线得到 P 变化值；或经主应力分离，直接得到主应力 σ_1、次主应力 σ_2。

③ 声波探测：岩体具有一定的弹性，弹性波能在岩体中传播，而弹性波的传播状况(速度、振幅等)又取决于岩体性态(密度、应力状态、结构面及其分布等)。

声波通过结构面时产生力学效应，使结构面被压缩闭合或错动，波能被吸收，导致波速/振幅衰减；波动效应在结构面上发生反射/折射/绕射，波能被弥散。

声波传播速度 v 与弹性常数 E、μ 的关系为：

纵波：

$$v_s = \sqrt{\frac{E_d(1-\mu_d)}{\rho(1+\mu_d)(1-2\mu_d)}}$$ （11-4）

横波：

$$v_s = \sqrt{\frac{E_d}{2\rho(1+\mu_d)}}$$ （11-5）

将测定的 v_p、v_s 波速与岩体标准波速比较，可了解岩体破坏情况，进行岩体强度、匀质性、内部缺陷、裂缝等检测。

11.2.4 数值计算方法

数值分析方法源于工程力学，后来才应用到矿山岩体力学计算中。最早的应力分析技术是利用精确的数学解——精确算法求解，其不足是即便是相当简单的问题也要花费大量的时间求解，而且结果还未必实用。直到计算机技术的发展，才使那些建立在弹性、塑性、弹塑性或粘弹性力学基础上的复杂数学模型的计算得于解决，且发展到能够解决复杂模拟问题，并开发出多种数值计算软件，使大部分模型的应用具有实用价值。数值模拟法对岩体开挖工程由定性分析到定量分析发挥了重要作用，成为岩土工程分析与设计的重要手段。

在矿山岩体(岩石)力学应力、应变(位移)计算和稳定性分析中，常用的数值方法分为边界法和区域法两大类，主要包括边界元法、有限元法、有限差分法和离散元法，其他还有刚体节理元法、无界元法、流形元法、半解析元法和不连续变形分析法等。各种数值计算方法的优缺点比较见表11-1。

表 11-1　各种数值计算方法优缺点对比表

方法名称	优　点	缺　点
边界元法	能表示远场状态；仅离散化边界，与有限元法相比变量的数量少；计算精度高，对解决无限或半无限域问题较理想	系数矩阵不可缺项；计算时间随单元数量按指数幂增加；处理非均质和非线性介质的能力有限
有限元法有限差分法	易于处理非均质介质；能有效地处理介质和几何体的非线性，应用显式解算法时，更是如此，因为应用显式解算法时，矩阵是带状矩阵，降低了对使用者确定数值收敛的技能要求	必须使整个区域离散化，要计算的变量数量比边界元多；远场状态必须近似估算，显式算法解算线性问题速度较慢；隐式算法的解算时间随使用的单元数量呈指数幂增加
离散元法	数据组适合于模拟有许多交错节理所引起的高度非线性系统，可应用非常普通的本构关系式，而计算费用增加很少；解算时间随所用单元数量呈线性增加	解算时间比解算线性问题慢得多；结果对模拟参数的假定值非常敏感(这是所模拟系统性质的必然结果，因为目前尚无处理这种问题的其他方法，故应正确对待这一缺点)

边界法是将研究对象的边界划分成单元，而将内部岩体作为无限连续介质，其理论基础是白推(Betti)互等理论的积分方程。边界元法又分三种：间接法——先确定边界点上的应力状态，再应用独立关系式确定边界位移；直接法——直接根据给定的边界条件，解算未知的

应力和位移；位移不连续法——用于描述弹性介质中的裂缝问题。

区域法是将内部岩体划分成几何形状简单区域(如三角形单元、四边形单元)，每个区域都有其特定的或相似的特性，这些简化区域的集合和相互作用，可以模拟出更为复杂的和其他方法不能预测的岩体整体的变形特性。区域法主要分有限元法、有限差分法和离散元法，前二者将岩体视为连续介质，离散元法则是将各个岩块模拟为独立单元。通常很难分清有限元法与有限差分法的区别，常被视为相同的方法。

有限元法的理论基础是表述最小总势能的变分原理，它将模型离散成许多小区域，工作量很大，在模型复杂时，离散化变得十分困难，这种离散化模型的外部边界，要在距离有足够远的地方(根据圣维南原理，一般取 3 ~ 5 倍范围)，使边界和开凿区相互作用(扰动)所产生的误差降低到可允许的最小值。有限元法的特点是将介质内少数几点(节点)的条件，与由这些点形成的有限闭合区域(单元)的状态相关联。解题思路是首先将待解决问题的区域离散化并确定介质的性质和荷载，再用某种方法如矩阵解算法(隐式)或动态松弛解算法(显式)重新分配不平衡的荷载，最后求出新平衡状态下的解。实践证明，有限元法因其每个单元都明确地模拟了所包含介质的特性，因而最适于解算非均质或非线性介质的问题，但不适合模拟无限边界的问题。

离散元法以受到裂隙切割形成分离的块体为出发点，块与块之间的相互作用以块体的角与面或面与面之间的接触作用，且块体可以允许有较大的位移，这是有限元法难以处理的问题。它的基本原理是牛顿第二定律，对解决离散的非连续体问题是一种重要方法，在边坡工程研究中，已得到了广泛的应用。

虽然上述数值计算方法已经用于某些问题研究，且获得一定程度的成功，但一直没有一种方法可以适合于所有类型的岩土工程模拟。因此，可将两种以上不同的计算方法组合在一起构成一个复合模型，最大限度地利用每种方法的优点，为此出现了耦合法。另外，迄今为止岩土工程中应用数值计算方法，主要用于定性研究，尚难达到定量研究的程度。

岩土工程稳定性分析中，常用的数值计算软件主要有 FLAC – 2D(3D)、3D – σ、UDEC、ANSYS、SARMA、FINAL、NACP、NOLM 等。

上述软件的具体说明、原理、操作和工程应用，请读者参看相关软件操作手册。

11.3　滑坡预报

预报指标主要有位移(变形)和应力，尤以位移最为直观、常用。

预报方法主要有：现场监测(位移、应力)预报、数学模型(模糊数学、灰色理论、概率统计)预报、数值模拟预报等。其中根据现场位移监测结果及位移规律结合经验类比的现场监测预报法应用最多，也较为准确。

滑坡预报就是在边坡位移(变形)、应力监测基础上，对滑塌体的滑坡类型和形式、滑塌时间和体积、滑塌危害等作出科学、准确的预测，并报告给相关生产、技术、安全、管理部门。同时，作出滑坡后的应对措施和处置方案的应急预案，减少对生产的影响，避免安全事故尤其是重、特大安全事故的发生，保护国家财产和职工生命安全。

滑坡的影响因素多种多样，滑塌机制纷繁复杂，准确的滑坡(时间、体积)预报非常困难，但国内外也有一些成功的案例。

1966 年 8 月智利 Chuquicamata 矿边坡总高度 248m、总边坡角约 43°的东侧边坡，出现了张裂缝，并建立了一个简单的监测系统，由于起初位移很小且后来移动停止，于是监测也中断。1967 年 12 月 20 日发生的一次 5 级地震又激活了这个边坡的再次滑动，位移监测于 1968 年 6 月重新开始。尽管从 1968 年 8 月开始从边坡顶部清除了 4500 万吨土石方，但 1968 年末，这个大型边坡的破坏征兆已很明显。监测预报小组根据 1969 年 1 月 13 日制作的位移数据预测图中边坡上移动最快的觇标作出预测：该边坡最早的破坏日期是 1969 年 2 月 18 日。最终，边坡破坏发生在 2 月 18 日下午 6 时 58 分，移动量 1200 万吨土石方。

1985 年 6 月 12 日凌晨 3 点 45 分至 4 点 20 分，秭归县新滩镇发生一起震惊全国的长江西陵峡新滩 3000 万 m^3 土石的大型滑坡，将千年古镇新滩镇 1569 间房屋全部摧毁入江；崩滑入江的土石约 340 万 m^3，其中约 260 万 m^3 土石从西侧快速滑出，顺三游沟高速入江，激起 54 m 高的涌浪，将长江对岸两层楼的浆砌块石仓库和发电机房冲得无影无踪，其下斜坡地段直径一尺左右粗的柑橘树林被一扫而光，仅剩下一片露出地面约 20 cm 高的树桩；涌浪波及长江上、下游约 40 km，上达 15 km 的秭归县城关，下至 26 km 的三斗坪（现三峡大坝坝址）。由于事先预测预报准确（用高精度 T3 经纬仪、N3 水准仪监测滑坡位移变化），避免了 1371 人伤亡，11 艘客货轮及时避险，将灾害损失减少到了最低程度（当时初步估算，为国家减少直接经济损失 8700 万元），避免了一场重大伤亡事故的发生，被誉为"我国滑坡预测预报史上的罕见奇迹"。

由于各滑坡区的岩土性质相差迥异、滑坡预报理论技术很不成熟、准确预报经验相对不足，因此，有兴趣的读者可参考相关资料进行延伸阅读和研究。

本章习题

1. 为什么要进行边坡监测及有何重大意义？
2. 简述边坡工程中"接受滑坡"的含义。
3. 简述边坡监测的任务和工作内容。
4. 边坡监测中常用的声、光、电技术有哪些？
5. 边坡岩体大面积移动监测技术手段有哪些？
6. 边坡表面岩体移动观测的技术手段有哪些？
7. 边坡岩体内部变形监测的技术手段有哪些？
8. 简述地面伸长计和多点位移计的监测原理。
9. 简述光纤传感技术的监测原理及在边坡工程的应用前景。
10. 边坡应力监测的常用测试元件有哪些？
11. 简述弦测法和液压枕法测试原理。
12. 简述边坡监测的常用数值计算方法。
13. 边坡监测的常用数值计算软件有哪些？各有何优缺点？
14. 当财力有限时，你会首选哪种监测方法？为什么？

参考文献

[1] E Hoek, J W Bray. 岩石边坡工程[M]. 卢世宗, 等译, 北京: 冶金工业出版社, 1985.

[2] 廖国华. 边坡稳定性分析[M]. 北京: 冶金工业出版社, 1985.

[3] 姜德义, 朱合华, 杜云贵. 边坡稳定性分析与滑坡防治[M]. 重庆: 重庆大学出版社, 2005.

[4] 陈祖煜. 土质边坡稳定分析: 原理·方法·程序[M]. 北京: 中国水利水电出版社, 2003.

[5] 陈祖煜, 汪小刚, 杨建, 等. 岩质边坡稳定分析: 原理·方法·程序[M]. 北京: 中国水利水电出版社, 2005.

[6] 林聪. 尾矿库工程分析与管理[M]. 北京: 冶金工业出版社, 1999.

[7] 王尚庆, 陈磊. 长江三峡滑坡监测预报[M]. 北京: 地质出版社, 1998.

[8] 姚爱军, 薛廷河. 复杂边坡稳定性评价方法与工程实践[M]. 北京: 科学出版社, 2008.

[9] 杨春和, 张超. 尾矿坝安全评价与病患治理[M]. 武汉: 湖北人民出版社, 2006.

[10] 中国岩石力学与岩土工程学会水利部长江水利委员会勘测总队. 自然边坡稳定性分析暨鍪山边坡变形研讨会论文集[M]. 北京: 地震出版社, 1993.

[11] 王文忠, 冉启发, 孙世国, 等. 露天边坡与山体边坡复合体稳定性分析[M]. 北京: 冶金工业出版社, 2001.

[12] 孙玉科, 牟会宠, 姚宝魁. 边坡岩体稳定性分析[M]. 北京: 科学出版社, 1988.

[13] 孙玉科, 杨志法, 姚宝魁, 等. 中国露天矿边坡稳定性研究[M]. 北京: 中国科学技术出版社, 1999.

[14] 黄志全. 边坡工程非线性分析理论及应用[M]. 郑州: 黄河水利出版社, 2005.

[15] 张国祥, 刘宝琛. 潜在滑移面理论及其在边坡分析中的应用[M]. 长沙: 中南大学出版社, 2003.

[16] 曾革. 公路路基稳定理论与设计方法[M]. 长沙: 中南大学出版社, 2010.

[17] 陈晓青, 韩延清, 李富平, 等. 金属矿床露天开采[M]. 北京: 冶金工业出版社, 2010.

[18] 高永涛, 吴顺川. 露天采矿学[M]. 长沙: 中南大学出版社, 2010.

[19] 钟阳, 吴宇航. 路基路面工程[M]. 哈尔滨: 哈尔滨工业大学出版社, 2010.

[20] 李天斌, 王兰生. 岩质工程高边坡稳定性及其控制[M]. 北京: 科学出版社, 2008.

[21] 王树仁, 何满潮, 武崇福, 等. 复杂工程条件下边坡工程稳定性研究[M]. 北京: 科学出版社, 2007.

[22] 王士天, 严明, 黄润秋. 高边坡变形破坏机制及稳定性评价[M]. 成都: 西南交通大学出版社, 1994.

[23] 黄求顺, 张四平, 胡岱文. 边坡工程[M]. 重庆: 重庆大学出版社, 2003.

[24] 赵其华, 王兰生. 边坡地质工程理论与实践[M]. 成都: 四川大学出版社, 2000.

[25] 陈洪凯, 唐红梅, 崔志波, 等. 公路高边坡地质安全与减灾[M]. 北京: 科学出版社, 2010.

[26] 魏作安. 细粒尾矿及其堆坝稳定性研究[D]. 重庆: 重庆大学, 2004

[27] 张士兵. 边坡定性大变形弹塑性有限元强度折减分析[D]. 西安: 西安科技大学, 2004.

[28] 熊国斌. 极软岩路堑边坡稳定性分析及防护技术研究[D]. 西安: 长安大学, 2006.

[29] 徐辉. 基于模糊集理论的边坡稳定模糊随机可靠度分析[D]. 杭州: 浙江大学, 2006.

[30] 潘建平. 尾矿坝抗震设计方法及抗震措施研究[D]. 大连: 大连理工大学, 2007.

[31] 赵杰, 邵龙潭. 北京冯家峪铁矿尾矿库坝体勘察试验研究及动静力稳定分析[R]. 大连理工大学, 2005.

[32] 北京有色冶金设计研究总院. 选矿厂尾矿设施设计规范(ZBJ1-90). 北京: 中国建筑工业出版社, 1991

[33] 冶金部建筑研究总院. 构筑物抗震设计规范(GB 50191 - 93). 北京：中国计划出版社, 1993

[34] 中国水利水电科学研究院. 水工建筑物抗震设计规范(DL5073 - 2000). 北京：中国电力出版社, 2001.

[35] 贵州省水利厅. 浆砌石坝设计规范(SL25 - 2006). 北京：中国民族摄影艺术出版社, 2006.

[36] 中华人民共和国水利部. 工程岩体分级标准(GB50218 - 94). 北京：中国计划出版社, 1995.

[37] 卢世宗. 我国矿山边坡研究的基本情况和展望[J]. 金属矿山, 1999(9).

[38] 范恩让, 史剑鹏. 尾矿堆积坝安全稳定性因素分析及对策[J]. 金属材料与冶金工程, 2007, 35(1).

[39] 郑欣, 许开立, 魏勇. 尾矿坝溃坝致灾机理研究[J]. 中国安全生产科学技术, 2008, 4(5).

[40] 柳厚祥, 裘家葵. 变分法在尾矿坝稳定性分析中的应用研究[J]. 工程设计与建设, 2003, 35(1).

[41] 王飞跃, 徐志胜, 董陇军. 尾矿坝稳定性分析的模糊随机可靠度模型及应用[J]. 岩土工程学报, 2008, 30(11).

[42] 徐宏达. 我国尾矿库病害事故统计分析[J]. 工业建筑, 2001, 1(31).

[43] 卜训政. 上游式尾矿坝安全隐患分析[J]. 化工矿物与加工, 2001, (6).

[44] 肖云, 周春梅, 吴燕玲, 等. 露天采场高陡岩质边坡典型地段稳定性分析[J]. 武汉工程大学学报, 2009, 31(3).

[45] 李双平. 边坡稳定性分析方法及其应用综述[J]. 人民长江, 2010, 41(10).

[46] 彭斌, 黄河, 尚义敏, 等. 鄂西北片岩质边坡变形破坏机制和对策[J]. 土工基础, 2010, 24(2).

[47] 李宁, 钱七虎. 岩质高边坡稳定性分析与评价中的四个准则[J]. 岩石力学与工程学报, 2010.29(9).

[48] 陈帆, 刘立, 陆海空, 等. 岩质高陡边坡稳定性分析[J]. 西华大学学报, 2010, 29(3).

[49] 贾东远, 阴可, 李艳华. 岩石边坡稳定性分析方法[J]. 地下空间, 2004, 24(2).

[50] 施笋, 庞建勇.龙卿吉. 矿山边坡稳定性分析及其工程应用[J]. 安徽工程科技学院学报, 2006.21(2).

[51] R. Guo, P. ThomPson. Influenees of changes in meehanieal ProPertie of an overcored sample on the far – field stress calculation[J]. International Journal of Rock Mechanics & Mining Sciences, 2002, (39).

[52] F. Kirzhner, GRosenhouse. Numerical Analysis of Tunnel Dynamic Response to earth Motions[J]. SEISMIC ANALYSIS, 2000, 15(3).

[53] 张安祥. 边坡稳定的模糊随机可靠度分析[J]. 地基与基础, 2008, 22(2).

[54] 李炜, 康海贵. 边坡稳定性模糊随机可靠度分析[J]. 交通运输工程学报, 2010, 10(1).

[55] 谭晓慧, 刘新荣. 可靠度分析中梯度求解方法的研究[J]. 岩土力, 2006, 27(6).

[56] Husein Malkawiai, Hassanwf, Abdullafa. Uncertainty and reliability analysis applied to slope stability[J]. Structural Safety, 2000, 22(2).

[57] 谭晓慧. 边坡稳定可靠度分析方法的探讨[J]. 重庆大学学报, 2001, 24(6).

[58] Ahmed Mhassan, Thomas Wolff. Search Algorithm for Minimum Reliability Index of Earth Slopes[J]. Journal of Geotechnical and Geoenvironmental Engineering, 1999, 125(4).

[59] 吕玺琳, 钱建固, 吕龙, 等. 边坡模糊随机可靠性分析[J]. 岩土力学, 2008, 29(12).

[60] 李隐, 邓建, 彭泽. 基于蒙特卡罗模拟的边坡可靠度评价[J]. 采矿技术, 2010, 10.

[61] Griffith DV, Lane PA. Slope stability analysis by finite ements[J]. Geotechnique, 1999, 49 (3).

[62] Dawson EM, RothWH, Drescher A. Slope stability analysis by strength reduction[J]. Geotechnique, 1999, 49 (6).

[63] 郭玉龙, 任高峰. 模糊概率法在边坡稳定性分析中的应用[J]. 采矿技术, 2010, (1).

[64] 刘丽峰, 朱明, 岳鑫, 等. 用神经网络分析露天矿边坡稳定性[J]. 金属矿山, 2008, 9.

[65] 刘成君, 吴继敏, 丁向东. 用人工神经网络评价边坡稳定性西部[J]. 探矿工程, 2003, 14(2).

[66] 李怀珍, 邓广涛. 岩质边坡稳定性预测的BP网络法[J]. 探矿工程, 2006, 17(3).

[67] 何翔, 李守巨, 刘迎曦, 等. 岩土边坡稳定性预报的人工神经网络方法[J]. 岩石力学, 2003, (24).

[68] 徐梁, 陈有亮, 张福波. 岩体边坡滑移的系统学预报研究[J]. 上海大学学报, 2004, 10(3).

［69］李树茂. 神经网络方法在高陡边坡稳定性评价中的应用［J］. 武汉科技大学学报, 2003, 26(3).

［70］唐秀波. 人工神经网络在边坡稳定性预测中的运用［J］. 公路与汽运, 2007, (4).

［71］何方维, 朱明, 刘文生, 等. BP 网络在露天矿边坡角优化中的应用［J］. 金属矿山, 2011, (1).

［72］沈强, 陈从新, 汪稳. 边坡位移预测的 RBF 神经网络方法［J］. 岩石力学与工程学报, 2006, 25(1).

［73］潘国荣, 谷川. 变形监测数据的小波神经网络预测方法［J］. 大地测量与地球动力学, 2007, 27(4).

［74］刘明贵, 杨永波. 边坡位移预测组合灰色神经网络方法［J］. 中国地质灾害与防治学报, 2006, 17(2).

［75］薛新华, 姚晓东. 边坡稳定性预测的模糊神经网络模型［J］. 工程地质学报, 2007, 15(1).

附录 I 主要符号表

1. 英文符号

A——面积

a——孔间距

b——裂隙宽度

c——内聚力(凝聚力、黏聚力、粘结力)

c_i——瞬时黏结力

c_j'——有效应力下的内聚力

d——直径或孔径

E——弹性模量

E_{i-1}，E_{i+1}——土条两侧的内力

E_P——桩前岩体的抗力

F——滑动面的抗滑阻力

F_c——凝聚力的合力

F_s——安全系数

f——钢弦自振频率

f_0——校正系数

G——固体颗粒重量

H——边坡高度

h——变形体高度

h_j——极限设计高度

I_m——条块的中心高度

I——降雨强度

I_a——降雨量

i——水力坡度(水力梯度)

i_p——渗流体平均水力坡度

j——沿渗流逸出方向的渗透力

JRC——节理粗糙度系数

K——传力系数

k——渗透系数

L——滑动面长度

l_i——第 i 分条底面滑动线长度

M_z——抗滑力矩

M_T——致滑力矩

M_F——动水压力产生的滑动力矩

M_{max}——最大弯矩

m——边坡坡率

N_i——法向分量

n_a——形状函数

O——圆心

O_c——临界圆心

p——正压力或滑体推力

P_c——固结压力

P_w——静水压力

P_0——孔隙水压力

p——爆破震动力

Q——坡顶裂隙水静水压力

Q——单位时间的体积流量

Q_i——地震力

r——半径

R——抗滑力

R_c——岩块单轴抗压强度

R_{cj}——结构面单轴抗压强度

R_i——第 i 分条综合反力

RMR——岩体质量评分

RQD——岩芯质量指标

S——液压枕承压面积

T——致滑力

T_i——切向分力

U——浮托力

u——静水压力

V——张裂隙的静水压力（推力）

W——滑体或坝体自重

W_i——第 i 分条的重力

Z——深度或标高

Z_w——充水深度

ΔW——条块重量

ΔP——压力增量

ΔV——体积增量

ΔX——条块宽度

ΔR_i——条间力

Δc_i——内力

$\Delta \varepsilon$——孔隙比变化量

dp_a——条块法向反力

dp_t——条块切向力

dτ——条块剪应力

2. 希文符号

α——边坡坡角

β——滑动面倾角(滑面角)

β_s——二结构面交线的倾角

γ——土体天然容重

γ'——土体天然浮容重

γ_m——土体天然饱和容重

γ_w——容重

δ——安装角

ε——光纤应变

ξ——楔体夹角

θ——角度

$\Delta\theta_i$——角度增量

μ——泊松比

ν——声波传播速度

ν_p——纵波波速

ν_s——横波波速

ρ——流体密度

σ——正应力

$[\sigma_\tau]$——许用抗拉强度

τ——抗剪强度(剪应力、抗滑阻力)

τ_f——抗剪力

τ_{f_1}——滑面的抗剪力

$[\tau]$——许用抗剪强度

$\Delta\tau$——剪应力增量

φ——内摩擦角(倾角)

φ_i——瞬时摩擦角

φ'_j——有效应力下的内摩擦角

ψ——坡面走向

ω——饱水率

附录Ⅱ　课程考试大纲

课程类别：专业课（必修或限选）
课程学时：40学时或48学时
适用专业：采矿工程、土木工程、安全工程、工程地质
选用教材：饶运章. 岩土边坡稳定性分析. 长沙：中南大学出版社，2011

一、考试方式与题型

考试方式：闭卷
主要题型：名词解释、填空题、简答题、计算题、工程实例分析题

二、考试目的和要求

通过考试检验学生对边坡定义、滑坡因素、滑塌模式、极限平衡分析方法、边坡监测技术、边坡加固技术（稳坡）、废石堆稳定、尾矿库稳定、矿山泥石流等基本知识和基本技能的掌握程度；考查学生对坝体滑动、土坡滑动、平面滑坡、弧面滑坡、楔体滑坡、废石堆滑塌、尾矿坝溃滑等常见的边坡滑塌形式的受力分析及安全系数计算。要求学生掌握岩土体中挖掘大型边坡的设计理论、边坡稳定性极限平衡安全系数计算，边坡加固、监测方法及滑坡预测预报技术。

三、考试内容和要求

第1章　绪论
熟练掌握边坡的定义及其分类、边坡构成要素、导致滑坡的因素、边坡滑塌模式、边坡滑塌识别方法、边坡稳定性设计流程、步骤及基本思想，熟练掌握极限平衡分析与安全系数定义及计算，熟练掌握地质间断面（结构面）的极射赤平投影图示。
一般掌握边坡的破坏机制及其危害、影响边坡稳定性设计的因素、石根华关键块体概念与识别等内容。

第2章　工程地质、水文地质调查
熟练掌握地质间断成因分类、工程地质调查（节理面详查）内容和抽样方法、结构面调查参数及统计、水文地质调查、地下水渗流规律、流网在边坡分析中的应用、地下水对边坡稳定性影响等内容。
一般掌握场区工程地质测绘、水文地质识别、边坡工程综合地质平面图测绘等内容。

第3章　边坡岩土抗剪强度计算
熟练掌握岩体/土体分类、岩坡/土坡稳定性影响因素，熟练掌握岩块、岩体、土体的抗剪强度理论及抗剪强度的各种室内和原位试验方法及强度计算，熟练掌握结构面抗剪强度影

响因素、节理面和节理(强烈破碎)岩体抗剪强度。

一般掌握岩体/土体破坏准则、岩土体剪切试验方法、库仑定律、太沙基有效应力定律等内容。

第4章 平面滑动稳定性分析

熟练掌握平面滑动几何条件和假设条件,熟练掌握岩基表层滑动、深层滑动抗滑稳定性受力分析及安全系数计算,熟练掌握岩坡沿单一平面、双平面滑动抗滑稳定性受力分析及安全系数计算,熟练掌握黏性土坡和无黏性土坡抗滑稳定性受力分析及安全系数计算,熟练掌握岩坡/土坡沿平面滑动的工程分析与应用。

一般掌握力的图解法、力的迭代法岩坡稳定性分析。

第5章 楔体滑动稳定性分析

熟练掌握楔体滑动的定义、几何条件,熟练掌握楔体滑动受力分析及安全系数计算。

一般掌握楔体滑动的研究步骤,一般掌握楔体滑动的工程分析与应用。

第6章 圆弧滑动稳定性分析

熟练掌握圆弧滑动基本假设,熟练掌握瑞典圆弧法(Fellenius 条分法)、毕肖普法、摩擦圆法、简布法圆弧滑动受力分析及安全系数计算,熟练掌握简布法求解思路及其非圆弧滑动稳定性分析计算。

一般掌握圆弧滑动的最危险滑面确定、渗流土坡的安全系数计算等内容,一般掌握土坡圆弧滑动的工程分析与应用。

第7章 路堑边坡稳定性分析

熟练掌握路堑边坡的定义、分类及其稳定性影响因素,熟练掌握深路堑边坡设计,熟练掌握岩石路堑、土质路堑的边坡稳定性计算。

一般掌握碎石土路堑边坡稳定性设计计算。

第8章 废石场稳定性分析

熟练掌握废石场滑塌模式、滑坡形式、稳定化措施,熟练掌握废石场稳定性影响因素、稳定性分析计算方法。熟练掌握泥石流概念分类、形成条件、运动特征,熟练掌握矿山泥石流形成条件和渗水型、滑坡型、水动力成因等泥石流的力学机理。

一般掌握废石场滑塌成因、废石场稳定化措施、矿山泥石流防治措施。

第9章 尾矿坝稳定性分析

熟练掌握尾矿坝分类、破坏模式、稳定性影响因素,以及稳定性计算方法。熟练掌握尾矿坝加固措施。

一般掌握尾矿坝特点、安全等级划分、尾矿坝稳定性计算一般要求、选矿厂尾矿设施设计规范。

第 10 章　边坡加固技术

熟练掌握边坡加固方法、力学机理、加固工作思路,熟练掌握疏干排水、机械加固、削坡减载、注浆加固等边坡加固(稳坡)技术,熟练掌握预应力锚杆(索)、抗滑桩、挡土墙加固边坡的力学作用机理及参数设计计算。

一般掌握稳坡的重要性及削坡减载(削坡压脚)、注浆加固、控制爆破、护坡(生态护坡)等边坡加固技术措施。

第 11 章　边坡监测和滑坡预报

熟练掌握边坡监测的任务、内容及监测技术分类,熟练掌握边坡位移监测、应力监测方法及各种监测仪器设备,重点掌握光纤传感测量技术和数值计算方法在边坡稳定性监测与滑坡预报中的发展与应用。

一般掌握"接受滑坡"的边坡设计内涵和边坡监测计划制定、滑坡预报等内容。